O ENSINO DE GEOGRAFIA NA ESCOLA

COLEÇÃO
MAGISTÉRIO: FORMAÇÃO E TRABALHO PEDAGÓGICO

Esta coleção que ora apresentamos visa reunir o melhor do pensamento teórico e crítico sobre a formação do educador e sobre seu trabalho, expondo, por meio da diversidade de experiências dos autores que dela participam, um leque de questões de grande relevância para o debate nacional sobre a educação.

Trabalhando com duas vertentes básicas – magistério/formação profissional e magistério/trabalho pedagógico –, os vários autores enfocam diferentes ângulos da problemática educacional, tais como: a orientação na pré-escola, a educação básica: currículo e ensino; a escola no meio rural; a prática pedagógica e o cotidiano escolar; o estágio supervisionado; a didática do ensino superior etc.

*Esperamos, assim, contribuir para a **reflexão** dos profissionais da área de educação e do público leitor em geral, **visto que** nesse campo o questionamento é o primeiro passo na direção da **melhoria da qualidade** do ensino, o que afeta todos nós e o país.*

Ilma Passos Alencastro Veiga
Coordenadora

LANA DE SOUZA CAVALCANTI

O ENSINO DE GEOGRAFIA NA ESCOLA

PAPIRUS EDITORA

Capa	Fernando Cornacchia
Foto de capa	Rennato Testa
Coordenação	Ana Carolina Freitas e Beatriz Marchesini
Diagramação	DPG Editora
Copidesque	Mônica Saddy Martins
Revisão	Isabel Petronilha Costa, Julio Cesar Camillo Dias Filho e Simone Ligabo

Dados Internacionais de Catalogação na Publicação (CIP)
(Câmara Brasileira do Livro, SP, Brasil)

Cavalcanti, Lana de Souza
  O ensino de geografia na escola/Lana de Souza Cavalcanti. – Campinas, SP: Papirus, 2012. – (Coleção Magistério: Formação e Trabalho Pedagógico)

Bibliografia.
ISBN 978-85-308-0946-1

1. Geografia – Estudo e ensino 2. Pedagogia 3. Prática de ensino 4. Professores – Formação profissional I. Título. II. Série.

12-00653   CDD-370.71

Índice para catálogo sistemático:

1. Professores de geografia: Formação profissional: Educação   370.71

1ª Edição – 2012
9ª Reimpressão – 2025
Tiragem: 100 exs.

Exceto no caso de citações, a grafia deste livro está atualizada segundo o Acordo Ortográfico da Língua Portuguesa adotado no Brasil a partir de 2009.

Proibida a reprodução total ou parcial da obra de acordo com a lei 9.610/98.
Editora afiliada à Associação Brasileira dos Direitos Reprográficos (ABDR).

DIREITOS RESERVADOS PARA A LÍNGUA PORTUGUESA:
© M.R. Cornacchia Editora Ltda. – Papirus Editora
R. Barata Ribeiro, 79, sala 3   – CEP 13023-030 – Vila Itapura
Fone: (19) 3790-1300 – Campinas – São Paulo – Brasil
E-mail: editora@papirus.com.br – www.papirus.com.br

SUMÁRIO

APRESENTAÇÃO 7

1. A FORMAÇÃO PROFISSIONAL: PRINCÍPIOS
   E PROPOSTAS PARA UMA ATUAÇÃO DOCENTE CRÍTICA 13

2. REFERÊNCIAS PEDAGÓGICO-DIDÁTICAS
   PARA A GEOGRAFIA ESCOLAR 39

3. UM PROFISSIONAL CRÍTICO EM GEOGRAFIA:
   ELEMENTOS DA FORMAÇÃO INICIAL DO PROFESSOR 61

4. GEOGRAFIA ESCOLAR, FORMAÇÃO CONTÍNUA
   E TRABALHO DOCENTE 85

5. TRABALHO DOCENTE EM GEOGRAFIA, JOVENS
   ESCOLARES E PRÁTICAS ESPACIAIS COTIDIANAS 109

6. CONCEPÇÕES TEÓRICO-METODOLÓGICAS E DOCÊNCIA
   DA GEOGRAFIA NO MUNDO CONTEMPORÂNEO 129

7. CONCEITOS GEOGRÁFICOS: META PARA A FORMAÇÃO
   E A PRÁTICA DOCENTES 155

8. GEOGRAFIA ESCOLAR E PROCEDIMENTOS DE
   ENSINO DE UMA PERSPECTIVA SOCIOCONSTRUTIVISTA 175

REFERÊNCIAS BIBLIOGRÁFICAS... 199

APRESENTAÇÃO

Este livro reúne textos escritos com o propósito de contribuir para a formação e para o trabalho cotidiano de professores de geografia. Ao escrevê-los ou reescrevê-los, procurei manter um diálogo constante com esse professor, refletindo sobre seu papel social, suas demandas, seus principais desafios e suas conquistas.

Acompanhando, mesmo que indiretamente, o cotidiano desse profissional, é possível constatar que suas demandas de trabalho são cada vez maiores, em razão da complexidade crescente da sociedade contemporânea, bem como de sua diversidade e desigualdade. Com frequência, exige-se que os professores façam um trabalho de qualidade, que intervenha efetivamente na direção dos processos formativos dos alunos, visando a sua inserção no mundo social e cultural e à ampliação de seus conhecimentos e contribuindo para seu ingresso no mundo do trabalho. Para que se cumpram essas demandas de formação escolar, é fundamental que os professores estejam bem-preparados para o exercício da profissão, que fiquem atentos à diversidade dos alunos, a suas diferenças culturais, ao mundo da tecnologia, à velocidade dos conhecimentos científicos, às mudanças de paradigmas, às práticas espaciais globais, aos problemas sociais e ambientais. As políticas públicas, atentas a essas demandas, buscam, de uma ou outra maneira, estabelecer ações voltadas para reformas estruturais, no intuito de proporcionar melhores condições de formação, tanto inicial quanto continuada. As instituições responsáveis pela formação dos professores têm, por sua vez, reestruturado seus cursos, orientando-se também por essas demandas.

Contudo, diante desse cenário, muitos desafios permanecem ou até se agravam, tornando urgentes movimentos em favor de uma efetiva valorização social do professor, que resulte em melhores condições de formação, salário, carreira e trabalho. Os textos aqui reunidos têm, de certa forma, o sentido desse movimento, ao explicitar uma compreensão do valor da profissão de professor, da necessidade de uma formação consistente e da urgência de mudanças substanciais nas suas condições de trabalho e salário. Essas mudanças têm a ver com a consolidação de uma cultura da escola como espaço formativo para os professores, instituindo no seu cotidiano a prática da reflexão coletiva e individual para a definição de projetos de sociedade e de formação humana.

Os fios que teceram e costuraram o trabalho aqui publicado, aliados à convicção na relevância do papel social do professor, são compostos de alguns elementos teóricos: o *ensino* é um processo de conhecimento pelo aluno; no ensino escolar, o *professor* desempenha o papel de mediar a relação do aluno com os objetos de conhecimento, buscando ajudá-lo no processo de desenvolvimento intelectual, cognitivo, afetivo, social; o *aluno* é sujeito histórica e socialmente constituído, ativo na construção de seus conhecimentos; a *geografia* é, nesse particular, uma área do conhecimento de extrema importância, para que o aluno compreenda o mundo em que vive e se perceba nesse mundo; os *conceitos* cientificamente elaborados, por suas características de abstração e generalização, são fundamentais para a compreensão da realidade para além de sua dimensão imediata e empírica; a cultura, como conjunto de significados produzidos por grupos na prática social, é dinâmica, construída por processos diversos e inter-relacionados e deve ser considerada na mediação didática.

Com essas orientações, este livro foi estruturado sobre uma sequência lógica de ideias, mas, certamente, sem a pretensão de que a leitura seja feita linearmente. Assim, aborda inicialmente princípios teóricos que podem marcar a formação do professor, suas políticas e os conteúdos (saberes docentes) de sua formação (Capítulo 1). Os textos apresentados em seguida apresentam elementos específicos da formação do professor de geografia.

O Capítulo 2, "Referências pedagógico-didáticas para a geografia escolar", apresenta ideias básicas sobre os principais elementos que compõem uma proposta para o ensino de geografia: o construtivismo como atitude básica do trabalho; a geografia do aluno como referência constante na condução do processo de ensino e aprendizagem; a seleção de conceitos básicos do pensamento geográfico para estruturar os conteúdos escolares; a definição de conteúdos procedimentais e valorativos para a orientação de ações, atitudes e comportamentos socioespaciais.

O Capítulo 3, denominado "Um profissional crítico em geografia: Elementos da formação inicial do professor", tem a pretensão de apresentar aspectos fundamentais do debate sobre a formação do profissional de geografia, comuns ao bacharel e ao licenciado, além de especificar elementos formativos para o professor dessa disciplina. Com a intenção de propor a formação crítica do professor, apresenta seus princípios básicos: formação contínua e autoformação; indissociabilidade entre ensino e pesquisa; integração teoria e prática; formação e profissionalização críticas; conhecimento integrado e interdisciplinar.

"Geografia escolar, formação contínua e trabalho docente" é o título do quarto capítulo. Fundamentando-se na concepção de que o professor é autor de seu projeto profissional, sujeito de seu trabalho, baseado em experiências e conhecimentos/concepções sobre a educação escolar, sobre a geografia e seu papel social, sobre os alunos e a escola, o texto discute a atuação profissional como práxis, como prática teoricamente fundamentada.

O Capítulo 5 se intitula "Trabalho docente em geografia, jovens escolares e práticas espaciais cotidianas". Inicia-se com o subtítulo

"Ensinar geografia para quem? Jovens escolares e suas motivações". Esse texto propõe uma discussão sobre quem são os jovens alunos de geografia, quais são seus conhecimentos cotidianos, sua cultura e suas motivações. Conhecer os jovens e suas práticas espaciais é fundamental para encaminhar as atividades de ensino, a fim de envolvê-los nos conteúdos geográficos apresentados, propiciando momentos de aprendizagens significativas.

O Capítulo 6, "Concepções teórico-metodológicas e docência da geografia no mundo contemporâneo", argumenta sobre a relevância da reflexão a respeito do papel formativo da geografia para a elaboração de propostas de ensino. Com esse pressuposto, defende que a compreensão dessa área do conhecimento como leitura da dimensão espacial da realidade tem implicações para a seleção e a abordagem dos conteúdos de ensino.

O Capítulo 7, "Conceitos geográficos: Meta para a formação e a prática docentes", faz a defesa da formação do professor baseada na meta de formação de conceitos. Com essa preocupação, o texto se dedica ao tema dos conceitos geográficos, sua formação e o papel que desempenham no desenvolvimento do pensamento dos alunos, com base na linha histórico-cultural. O desenvolvimento das ideias segue a estrutura revelada pelos subtítulos: "A formação de conceitos: Uma função prioritária no ensino", "Conceitos geográficos como mediações para compreender o mundo" e "Professores de geografia e o papel de mediar processos de aprendizagem do aluno: A zona de desenvolvimento proximal".

O Capítulo 8, "Geografia escolar e procedimentos de ensino de uma perspectiva socioconstrutivista", tem como principal objetivo apresentar procedimentos de ensino, destacando suas características principais, que podem ser adotadas por professores de geografia como formas de viabilizar um método de ensino crítico, tal como é postulado ao longo do livro.

Ao finalizar esta apresentação, quero agradecer aos professores das redes de ensino básico e aos meus alunos e orientandos, por estarem sempre me proporcionando elementos para a reflexão sobre o trabalho docente em seus depoimentos, em seus questionamentos, dúvidas e proposições. O diálogo com eles, o compartilhamento de ideias e os debates em grupos ou em momentos de formação têm contribuído diariamente para o meu desenvolvimento pessoal, intelectual e profissional. Quero agradecer de modo especial a Karla Annyelly Teixeira de Oliveira, pela disponibilidade constante, pelo apoio ao meu trabalho em várias "frentes" e, no presente momento, pela leitura atenta dos textos deste livro e pelas sugestões apresentadas.

1
A FORMAÇÃO PROFISSIONAL: PRINCÍPIOS E PROPOSTAS PARA UMA ATUAÇÃO DOCENTE CRÍTICA

A formação de professores é um tema que tem merecido bastante atenção de cientistas e políticos nas últimas décadas. Ele faz parte da produção acadêmica e das políticas públicas, campos específicos da produção da realidade educativa, mas que estão em estreita relação.

A respeito do investimento nos aspectos concernentes à área da educação, Leite *et al.* (2008) falam em onda reformista quando se referem ao conjunto de políticas e programas que tem como meta a educação no Brasil nas duas últimas décadas. Essa "onda" não é específica do contexto brasileiro, pois tem ocorrido em vários países, desenvolvidos e não desenvolvidos, que se orientam em algum grau por medidas neoliberais, com origem em organismos internacionais que desempenharam papel direto no planejamento e no financiamento das políticas educacionais, com destaque para programas curriculares. Esse conjunto que compõe as reformas brasileiras segue a lógica econômica, mas tem como respaldo, por um lado, a necessidade social de ampliar o acesso à escola em todos os níveis e, por outro, o questionamento das condições reais nas quais a escolarização tem ocorrido.

As críticas e as tentativas de superação de limites da escola/ escolarização visam atender melhor sua tarefa diante do avanço social recente. Em razão disso, há um discurso da valorização da educação atrelada aos objetivos de desenvolvimento do país. As políticas públicas – legislação e ações programáticas – voltaram-se para a ampliação dos espaços escolares e das vagas, para a garantia da permanência e da progressão de crianças e jovens em idade escolar, para o alargamento da escolarização obrigatória.[1] Essa opção política do Estado brasileiro tem o objetivo de buscar acesso universal à escolarização básica e adequar as instituições aos objetivos de competitividade, eficiência e produtividade, tendo como um dos seus elementos a flexibilização do processo de avaliação do ensino-aprendizagem, com o intuito de garantir maior permanência de crianças e jovens na escola.

Assim, a partir da década de 1990, no Brasil, tendo em vista a melhoria da educação escolar para cumprir exigências de formação básica em uma sociedade caracterizada por significativos avanços científicos e tecnológicos, por um mercado global competitivo e por um novo padrão produtivo, várias ações, programas e políticas foram implementados norteando o projeto educativo do país. Destacam-se, entre outros, a implantação da Lei de Diretrizes e Bases da Educação Nacional, em 1996; os Parâmetros Curriculares Nacionais, o Programa Nacional do Livro Didático, o Exame Nacional do Ensino Médio, as Diretrizes Nacionais de Formação de Professores da Escola Básica, a Resolução CNE/2002 e a Lei n. 11.274 de 2006, de ampliação do ensino fundamental para nove anos.

Toda essa normatização busca instituir regras para viabilizar condições para desenvolver nas crianças habilidades e conhecimentos

---

1. Por exemplo, em poucas décadas, passou-se de quatro anos – anterior a 1980 – para os atuais nove anos de ensino fundamental obrigatório e três anos de ensino médio, incorporado à denominada educação básica como direito de todo cidadão.

básicos para a vida social produtiva e participativa, em um país que pretende atingir estágios mais elevados de desenvolvimento social e econômico. Essa é uma questão complexa e os dispositivos legais[2] são necessários para essa demanda, mas não suficientes para provocar efetivas mudanças nos resultados da formação escolar, tendo em vista o desenvolvimento social. E, com efeito, há evidências de alterações nas estatísticas desse campo, no sentido da ampliação do acesso à educação escolar obrigatória, mas não se verificam melhorias significativas no que diz respeito à aprendizagem dos alunos atendidos por essa educação, ao contrário, levantamentos com base em avaliações realizadas por diferentes mecanismos[3] têm demonstrado resultados muito negativos do ponto de vista de indicadores de aprendizagens dos alunos. Esses resultados são preocupantes e reveladores da ineficácia das políticas para alterar o quadro de desigualdades no país, tendo em vista as diferenças acentuadas entre escolas públicas – local de escolarização da grande maioria da população, ou seja, dos mais pobres – e escolas privadas.

Entre as políticas, destacam-se para os fins deste trabalho as que estão centradas na definição de currículos, revelando um reconhecimento de que alguns conhecimentos são necessários nessa educação, entre eles os veiculados pela geografia. Em que pese o caráter muitas vezes prescritivo e impositivo dessas políticas, é correto entender que tais prescrições não se implementam em sua totalidade nas práticas, ou não se transformam em currículo praticado, não por incompetência dos sujeitos dessa implementação, mas porque, entre os currículos estipulados e os que ocorrem na prática, há as contextualizações, as mediações, conforme bem lembrado por Straforini (2011).

---

2. O mérito de cada uma dessas normas, apontando pontos positivos e possíveis falhas ou limites, tendo como referência análises de especialistas na temática, tem sido considerado amplamente na bibliografia pertinente. O objetivo aqui não é entrar nessa discussão, mas mencionar a existência de uma série de alterações na estrutura da educação escolar brasileira que tem repercussão na prática do ensino de geografia e nos seus objetivos.
3. Índice de Desenvolvimento da Educação Básica (Ideb), Sistema Nacional de Avaliação da Educação Básica (Saeb), Prova Brasil, Exame Nacional do Ensino Médio (Enem), Programa Internacional de Avaliação de Alunos (Pisa).

Diante dessas primeiras afirmações, cabem algumas perguntas: como garantir que esse cenário de ajuste da estrutura educacional a uma demanda econômica e política global, mais que social e pedagógica, reverta, contraditoriamente, em desenvolvimento de um projeto de escola que seja espaço de trabalho com o saber, com a cultura, em busca do crescimento intelectual dos alunos, espaço aberto, lugar de encontro de culturas, de saberes, de sujeitos reais e dinâmicos? Como garantir que a dinâmica da escola permita a manifestação desses sujeitos, com suas histórias, com suas experiências, com seus saberes, com sua cultura, no sentido de seu reconhecimento, contribuindo para o desenvolvimento das bases para o desenvolvimento da sociedade brasileira com autonomia e criticidade de seus cidadãos?

Com isso, queremos dizer que, a par de fazer as necessárias críticas às políticas públicas para educação, seja nos fundamentos, seja nas estratégias adotadas, é conveniente ampliar os elementos do que se considera importante para obter bons resultados de qualidade nas escolas, sobretudo no que diz respeito ao ensino nelas realizado. Um desses elementos de análise é a discussão do processo de formação de professores, um dos agentes que podem viabilizar as mudanças necessárias.

A formação do professor como pauta: Propostas e princípios

Nas considerações sobre o contexto da sociedade atual, que destacam a constante, amplificada e diversificada forma de divulgação e circulação de informações e de conhecimentos, a escola continua desempenhando um papel relevante na formação das pessoas. Ela é um espaço peculiar dessa formação, que tem como referência o trabalho com conhecimentos científicos e culturais sistematizados e, nesse trabalho, congrega diferentes saberes produzidos e veiculados em diversos cenários educativos, para que sejam elaborados conjuntamente pelos alunos. Para que seja assim, salienta-se a necessidade de sua articulação à dinâmica sociocultural local e global, às demandas da sociedade contemporânea e de seus alunos, da comunidade da escola, do bairro e da cidade em que está.

Visando ao cumprimento dessa função social da escola, nesses dispositivos legais estão algumas diretrizes para a formação de professores, que resultaram, nos últimos anos, em expressivas mudanças curriculares na estrutura dos cursos voltados para esse profissional. Leite *et al.* (2008, p. 40) consideram que, com a legislação recente, os cursos de licenciatura ganharam mais especificidade e integralidade:

> A possibilidade de oferecer a formação de professores em cursos específicos, do primeiro ao último ano, através de projetos pedagógicos próprios, comparece como um dos principais ganhos obtidos pela reforma na formação de professores, condição relevante e essencial para concretizar a profissionalização do professor, podendo assegurar, dessa forma, a construção dos saberes docentes necessários.

A análise das repercussões práticas dessas políticas públicas para a educação, em especial as referentes à formação de seus profissionais, deve considerá-las um processo em desenvolvimento e em conjunto com outras ações governamentais, como, por exemplo, o suprimento dos recursos materiais e financeiros destinados à área da educação, como garantia de *condições básicas* de sua realização. Nesse sentido, vale a ressalva de Leite *et al.* (2008), que apontam como uma de suas fragilidades a descontinuidade dessas políticas, sem, segundo os autores, avaliação profunda, atribuindo aos professores, comumente, a responsabilidade completa pela implementação do que está projetado, desconhecendo as *situações efetivas* de seu trabalho.

Diante desse quadro, em uma sociedade complexa, em contextos instáveis e com conhecimentos que se ampliam e se desenvolvem constantemente, é preciso compreender as demandas prioritárias para a formação e a atuação do professor. A compreensão dessa sociedade complexa em seus múltiplos aspectos tem exigido, assim, novas formas de reflexão, novas categorias, o que coloca novas demandas para a educação e para a formação do profissional voltado para a tarefa da educação escolar – o professor.

A consciência da relevância da atuação desse profissional como sujeito ativo e crítico do processo de ensino e aprendizagem tem levado, nas últimas décadas, a uma grande produção de pesquisas e artigos no Brasil, articulada a trabalhos internacionais, que tratam da problemática que envolve a formação de professores para os diferentes níveis de ensino, para os diversos contextos para o qual se destinam.

Na linha da pesquisa internacional em educação, alguns teóricos têm se destacado no sentido de contribuir para o debate sobre a formação, os saberes e a atuação docentes no contexto brasileiro, sobretudo com publicações a partir da década de 1990, como Nóvoa (1992, 1995), Gimeno Sacristán (1998), Contreras (1997), Tardif (2000, 2001), Gauthier (1998) e Marcelo García (2002a, 2002b). Entre os teóricos nacionais apontados de modo recorrente, alguns podem ser citados, como Borges (2001), Libâneo (1998), Monteiro (2010) e Pimenta (1997). Entre as ideias desenvolvidas por esses autores, estão as referentes às mudanças sociais pelas quais estamos passando e como elas estão trazendo novas demandas de formação profissional: necessidade de formação continuada, de formação para diferentes contextos culturais, para uma sociedade tecnológica. A fim de atender a essas demandas, há propostas diferenciadas, e também é possível verificar algumas convergências.

Nesse sentido, a leitura desses autores permite algumas indicações para a formação e a atuação do professor, que destacam princípios tanto para o momento inicial como para sua continuidade. Entre esses princípios, é interessante explicitar aqueles que estão centrados nas características próprias da atividade do professor, como os seguintes:

- *O professor é um profissional em formação constante.* Trata-se de levar em conta nos processos formativos que a formação inicial não é suficiente para uma atuação profissional de qualidade; ao contrário, a formação deve ser contínua, permanente, e deve ocorrer também nos diferentes espaços de atuação profissional, ou seja, nas escolas. Esse princípio coloca para a escola a necessidade de instituir espaços e tempos para consolidar a cultura dessa formação contínua no seu interior e em suas atividades diárias, ou seja, no cotidiano escolar, deve haver espaços e tempos para a reflexão coletiva, para práticas colaborativas e participativas como experiências relevantes na formação dos professores (Imbernón 2000; Marcelo García 2002a; Gimeno Sacristán 1998). Em relação a esse ponto, vale destacar a proposta de Imbernón (2000, p. 85) para a formação permanente de professores na escola, que se baseie "na reflexão deliberativa e na pesquisa-ação, mediante as quais os professores elaboram suas próprias soluções em relação aos problemas práticos com que se defrontam".

Além disso, é importante que os professores, como de resto todos os profissionais, estejam diariamente preocupados em ampliar seu universo cultural, "ligados" nos acontecimentos que ocorrem em seu meio mais imediato e no mundo, conhecendo e vivenciando o mais possível as práticas sociais de seu tempo. Essa postura é importante para compreender o movimento da realidade local e mundial, a fim de entender sua própria prática social e profissional, seu papel de professor na relação com a geração dos alunos. Tal argumento necessita ser reforçado quando se levam em conta as indicações de pesquisas sobre o limitado universo cultural dos professores, o que é um paradoxo, já que sua função é exatamente a de contribuir para a formação cultural dos alunos.

A investigação sobre a formação de professores tem apontado para os desafios diante das demandas atuais e, com esse intuito, busca demonstrar como, cada vez mais, a formação tem se tornado responsabilidade do próprio profissional, começando no período de sua formação básica, no curso de nível universitário, mas não se resumindo a ele, tendo continuidade em toda a sua trajetória profissional.

Algumas questões são levantadas para a investigação nesse campo: como aprende o professor? Como ele aprende a ensinar? Em que contextos ocorre essa aprendizagem? Quais são as referências para a construção dos conhecimentos necessários para o exercício profissional? Como se gera, transforma e transmite o conhecimento na profissão docente? Como o professor constrói seu conhecimento das diferentes matérias escolares que serão instrumentos básicos do trabalho docente? Shulman (2005) é um importante investigador dessa questão, focando em um ponto que me parece muito fecundo para seu entendimento, o do conhecimento didático do conteúdo. Seu empenho é o de demonstrar que o conteúdo que o professor deve dominar é mais que o da matéria em si, envolve as formas de estruturar esse conteúdo, tendo em vista a aprendizagem dos alunos em cada contexto. Sobre isso, o autor elabora alguns questionamentos: quais são as fontes do conhecimento básico para o ensino? Como se podem conceituar essas fontes? Quais são suas implicações para as políticas docentes e para as reformas educativas?

- *O professor é um profissional cuja atividade primordial é intelectual.* Isso significa dizer que o trabalho central do professor é lidar com instrumentos simbólicos para o relacionamento com o mundo, para lidar com os desafios que surgem nas atividades cotidianas e no desenvolvimento social. Nesse sentido, a relevância de seu papel na sociedade é a de ajudar as pessoas a se apropriar desses instrumentos de desenvolvimento cognitivo, social e emocional como ferramentas simbólicas, que permitem alterações na relação com a realidade. A atividade intelectual, nessa concepção, está impregnada em todas as dimensões da vida do professor, o que significa dizer que ele está sempre aprendendo, sempre ensinando, porque se coloca na vida como sujeito de aprendizagem. É uma pessoa que não se conforma com a realidade tal como ela se apresenta superficialmente, que procura sempre entender a complexidade das coisas, compreende que há sempre um lado e outro da realidade, que o imediato é sempre só uma dimensão da realidade, tanto individual quanto social. Enfim, deve ser um sujeito que não se conforma com a simplificação das coisas e não emite "opiniões formadas sobre tudo". Esse posicionamento pessoal é necessário e fundamental, para que o professor cumpra bem seu papel social e profissional. Ou seja, o professor é um intelectual autor do seu trabalho, que pesquisa sobre o que faz e não simplesmente executa, na prática, a teoria de outros.

Em uma concepção crítica do papel do professor, que age voltado para o desenvolvimento dos alunos, para a prática mais plena da cidadania e para um projeto de justiça social, não há espaço para práticas ingênuas, neutras ou reprodutivistas na atividade docente. No processo de ensino-aprendizagem, nos espaços de sala de aula, a atuação do professor sempre se refere a um "mundo maior" e aos destinos dos alunos. Ao escolher e abordar conteúdos, atividades, ao lidar com os alunos, ao dialogar com eles ou ao permitir que o diálogo entre eles aconteça, a atuação do professor é comprometida, social e politicamente. A consciência disso só pode ser plena se esse professor se assumir como intelectual, cujo trabalho representa uma atividade profissional complexa e de alto nível (Tardif e Lessard 2008).

• *Na formação, a construção da identidade profissional tem papel fundamental.* Essa afirmação orienta a formação para o foco nas práticas profissionais. Também tem como propósito sublinhar que, nos processos formativos, é relevante que o sujeito possa refletir sobre essa identidade, não como única dimensão de sua vida, evidentemente, mas como dimensão importante e que, como tal, deve ser valorizada. Dessa perspectiva, é necessário reconhecer que a construção da identidade é um processo sócio-histórico, que tem uma existência mais longa que a própria formação inicial e que a carreira do magistério. Nela, têm papel acentuado as representações sociais, as crenças dos professores sobre sua profissão, que vêm das próprias representações ao longo da vida. Mas a identidade vem também da experiência que o professor adquire em sua prática escolar cotidiana e na cultura da escola. Por ser um processo social que define papéis sociais de diferentes sujeitos, que são, por sua vez, situados histórica e socialmente, é importante entendê-lo sempre em construção, não fechado e unidimensional. Portanto, há elementos relevantes, que se constituem como referentes para a construção da identidade da docência: a história de vida, a formação e a prática pedagógica. Tomando como adequadas as observações de autores como Canclini (2007), Hall (1997, 2009) e Bauman (2005), é importante encarar essa forma de ser professor como uma das muitas formas de inserção do sujeito contemporâneo no contexto das identidades múltiplas, no qual o próprio processo de identificação se tornou mais provisório, descontínuo e variável.

Alertando para os cuidados requeridos no tratamento contemporâneo dos conceitos de identidade ou de identificação, esses autores alertam para os antagonismos e as contradições entre as dimensões desse processo, para elementos que o constituem, como exclusão, marginalidade e diferença.

Considerar a identificação como processo resultante de momentos de síntese provisória de elementos externos, assimilados pelos sujeitos, e de elementos internos, produtores de subjetividades, é importante para potencializar as ações com mais autonomia para produzir novas representações, que serão, por sua vez, compartilhadas no processo constante de construção e reconstrução de identidades.

Nesse sentido, vale citar a compreensão de Farias *et al.* (2009, p. 59) sobre a questão:

> Trata-se de significações culturais constituidoras da gramaticalidade social que permeia e torna possível a vida em sociedade. É esse repertório de experiências, de saberes, que orienta o modo como o professor pensa, age, relaciona-se consigo mesmo, com as pessoas, com o mundo, e vive sua profissão. Entendemos, pois, que o professor traz para sua prática profissional toda a bagagem social, sempre dinâmica, complexa e única.

- *A formação do professor não pode estar baseada exclusivamente no conteúdo específico da disciplina que vai ensinar.* Essa assertiva tem a ver com o entendimento de que a atividade do professor, como atividade intelectual complexa e que compõe a identidade do sujeito, exige saberes específicos. O conteúdo da disciplina a ser ensinada não pode, portanto, ser a base única, nem mesmo central, de sua formação. Os saberes docentes, para além dos disciplinares, conforme serão abordados na sessão seguinte, são compostos de conhecimentos acerca dos elementos e determinantes do fenômeno educativo, tanto no sentido mais amplo – como modos que a sociedade encontra de formar as novas gerações com o legado da humanidade – quanto no sentido mais específico – como processos que ocorrem em espaços institucionais destinado à educação formal, sobretudo a escolar. A educação é um fenômeno complexo, entendê-la e, mais ainda, atuar conscientemente nesse âmbito exige muito conhecimento, muita reflexão e sensibilidade para tomar decisões, estabelecer metas, elaborar propostas, transformar situações "indesejadas" em realidades mais coerentes com o projeto social defendido. Não é um trabalho que admita improvisações, seja pela complexidade da própria atuação, seja pelos resultados que podem decorrer dessa atuação do ponto de vista da aprendizagem e do desenvolvimento social, cognitivo e emocional dos alunos para quem se destina.

É conveniente, no entanto, atentar para os tipos de conhecimento próprios da formação e do desenvolvimento profissional do professor. Eles não são somente aqueles de natureza técnico-instrumental, que têm o papel de assegurar o saber-fazer docente, são também, e até principalmente, os suportes teóricos, que dão conta de uma explicação mais abrangente sobre os determinantes políticos e socioculturais da escola e das atividades de ensino que nela acontecem. Entre esses suportes teóricos, que não são aqui pensados como separados dos conhecimentos práticos, os conteúdos da didática ganham destaque, conforme defende Libâneo (2008, p. 60):

> É certo que os saberes pedagógico-didáticos implicam o saber-fazer, mas, se considerarmos que o nuclear do problema didático é o conhecimento e os modos de conhecer referidos a sujeitos e situações concretas, então, eles não podem ser reduzidos a dispositivos e procedimentos. Em razão disso, a didática assume-se como disciplina que estuda as relações entre ensino e aprendizagem, integrando necessariamente outros campos científicos, especialmente a teoria do conhecimento (que investiga métodos gerais do processo do conhecimento), a psicologia do desenvolvimento e da aprendizagem (que investiga os processos internos da cognição), os conteúdos e métodos particulares das ciências e artes ensinadas, os conhecimentos específicos que permitem compreender os contextos socioculturais e institucionais da aprendizagem e do ensino. A didática ocupa-se, portanto, dos saberes referentes a aprendizagem e ensino em conexão direta com as peculiaridades da aprendizagem e ensino das disciplinas escolares.

Os conhecimentos da formação do professor, visando a uma atuação competente e comprometida, não se reduzem, portanto, aos conhecimentos da matéria a ser ensinada, pois a natureza dessa profissão é a de se utilizar desses conhecimentos com a finalidade específica de mediar os processos de conhecimentos dos alunos e de sua formação básica, que são demasiadamente complexos para serem tratados de improvisos ou por deduções/intuições advindas somente de experiências anteriores (do próprio professor ou de colegas mais antigos, por exemplo).

Como conclusão dessas indicações tomadas em seu conjunto, pode-se dizer que o eixo da formação do professor, em qualquer nível e em qualquer momento da atuação, deve ser a prática docente. Esse é um dos desafios da formação de professores no mundo contemporâneo, segundo Nóvoa (2007, p. 14):

> O segundo desafio é a formação mais centrada nas práticas e na análise das práticas. A formação do professor é, por vezes, excessivamente teórica, outras vezes excessivamente metodológica, mas há um déficit de práticas, de refletir sobre as práticas, de trabalhar sobre as práticas, de saber como fazer. É desesperante ver certos professores que têm genuinamente uma enorme vontade de fazer de outro modo e não sabem como. Têm o corpo e a cabeça cheios de teoria, de livros, de teses, de autores, mas não sabem como aquilo tudo se transforma em prática, como aquilo tudo se organiza numa prática coerente. Por isso, tenho defendido, há muitos anos, a necessidade de uma formação centrada nas práticas e na análise dessas práticas.

Contudo, não se trata de qualquer prática, pois, conforme alerta esse autor, não é a prática que é formadora, mas a capacidade de refletir sobre essa prática. Nessa mesma direção, Libâneo (2010, pp. 73-74) refere-se à busca de uma teoria mais abrangente para se pensar a formação profissional no que tange

> à reflexividade que se reporta à ação, mas não se confunde com a ação; a um saber-fazer, saber-agir impregnados de reflexividade, mas tendo seu suporte na atividade de aprender a profissão; a um pensar sobre

a prática que não se restringe a situações imediatas e individuais; a uma postura política que não descarta a atividade instrumental.

O professor, nessa concepção que tem como eixo a práxis, será formado como sujeito em processo de identificação profissional, um intelectual portador de saberes teórico-práticos sobre a realidade em que atua. E, por isso mesmo, postula-se que um princípio básico de sua formação seja o de que se forme como um profissional questionador, que problematize a prática e desenvolva teorias sobre ela, com base em suas próprias investigações; um profissional que procure a contribuição dos conhecimentos acadêmicos para analisar e dar respostas às questões da realidade empírica. Nesse questionamento, aparecem perguntas assim: que tipo de papel profissional é esperado que eu cumpra? Que tipo de professor sou ou quero ser? Por que quero ser ou faço como faço? Esse projeto também tem de ser coletivo ou balizado com o projeto da escola, no qual, coletivamente, as questões são: que tipo de formação humana é pertinente no mundo em que vivemos? Que escola e que tipo de formação escolar é possível e necessária para essa formação? Como devem agir na prática os sujeitos dessa formação, entre eles os professores?

A formação profissional, nessa concepção, orienta-se por objetivos de formação de saberes docentes, como será abordado na seção seguinte.

Saberes docentes: Formação teórica para atuação crítica

Na compreensão de formação profissional aqui defendida, a prática docente tem como eixo a aprendizagem e o desenvolvimento dos alunos. Essa ideia implica centrar o foco no seu conhecimento e isso não se faz sem as pessoas e sem referência a suas subjetividades, seus contextos sociais, suas sociabilidades. Mas essa prática também não se realiza sem conhecimentos e sem a aprendizagem desses conhecimentos (Nóvoa 2007, p. 7). O desempenho profissional com esse objetivo requer um conjunto de saberes específicos e estruturados em diferentes áreas. Destaca-se a contribuição de alguns autores, para entender como se forma e se transforma o conhecimento da profissão docente, ou seja, os saberes que compõem esse "conhecimento profissional", entre eles Gauthier (1998), Pimenta (1997) Tardif (2000) e Libâneo (2010).

Tardif (2000) destaca que esses saberes são, entre outras coisas, temporais e práticos. A primeira qualidade está relacionada ao fato de que os saberes docentes não estão prontamente formados no período inicial, ainda que este seja muito importante e que os primeiros anos de atividade profissional sejam decisivos para a constituição desses saberes. Além disso, diz também que eles são construídos com muita identidade na prática cotidiana, razão pela qual destaca o papel das instituições de ensino e de seus modos de funcionamento para a definição, por exemplo, da matéria que se está ensinando.

Gauthier (1998) fala em obstáculos no percurso da formação dos professores, na construção dos saberes docentes. Entre eles, destaca o mais difundido: o de que, para ensinar, basta conhecer o conteúdo a ser ensinado. Cria-se, assim, por um lado, a ideia de *saberes sem ofício*, quando as disciplinas de conteúdo das matérias são tratadas como saberes em si mesmos e que, para ensinar esses saberes, basta ter talento, bom-senso, basta seguir a intuição, ter experiência ou ter cultura, desconhecendo-se os contextos da sala de aula e da prática docente com esse saber. Por outro lado, desenvolve-se também outro obstáculo, quando se considera que o que importa são os saberes da profissão, as "recomendações pedagógicas", sem levar em conta o conteúdo a ser ensinado. Nesse caso, o autor chama o magistério de "ofício sem saberes", pois aprende-se muito da profissão – problemas, desafios, contradições do contexto profissional –, mas mal se aprendem os conteúdos das matérias que serão ensinadas. Para superar esses obstáculos, o autor postula que o ofício do professor é pleno de saberes e que a atividade profissional de ensinar é a mobilização desse repertório de saberes docentes em contextos específicos.

Pimenta (1997, 2002) destaca os diferentes tipos na constituição dos saberes da docência a serem considerados na formação. O primeiro tipo são os saberes provenientes da experiência cotidiana. Essa experiência possibilita formar ao longo da vida, na participação em diferentes espaços sociais, ideias sobre a competência profissional, sobre ética da/ na profissão, sobre o comportamento social da atividade em foco, além de saberes a respeito do conteúdo. Há também saberes construídos sobre a área em que os professores estão se especializando. Na composição desses saberes, é importante a aquisição tanto de conhecimentos científicos quanto de informações/conhecimentos sobre as relações entre esses e a estrutura de poder da sociedade, sobre o papel desse conhecimento no mundo do trabalho, sobre a diferença entre informação e conhecimento, sobre o papel social desse conhecimento, sobre as condições atuais de atuação profissional na especialidade. Há ainda um terceiro tipo de saber, que são os saberes pedagógicos, aqueles construídos no processo de reflexão sobre a prática social de profissionais da educação, tendo como base saberes sobre educação, pedagogia e didática. Para a valorização dos professores como profissionais críticos, a autora indica a articulação desses saberes na construção e na proposição de transformações das práticas escolares e de formas de organização escolar, visando aos resultados de qualidade social para os alunos.

Libâneo (2010, p. 70), ao discutir a concepção de professor como profissional crítico e reflexivo, também explicita sua concepção de que o professor aprende sua profissão por vários caminhos, com a contribuição das teorias de ensino e aprendizagem e com a própria experiência. Adverte, no entanto, que a reflexão (ou a capacidade de refletir – a reflexividade do professor) sobre a experiência, fundamental para o desenvolvimento profissional, requer aportes teóricos, para que o pensar sobre a prática não se restrinja a situações imediatas:

> Uma concepção crítica de reflexividade que se proponha ajudar os professores no fazer-pensar cotidiano ultrapassaria a ideia de os sujeitos da formação inicial e continuada apenas submeterem à reflexão os problemas da prática docente mais imediatos. A meu ver, os professores deveriam desenvolver simultaneamente três capacidades: a primeira, de apropriação teórico-crítica das realidades em questão considerando os contextos concretos da ação docente; a segunda, de apropriação de metodologias de ação, de formas de agir, de procedimentos facilitadores do trabalho docente e de resolução

de problemas de sala de aula (...). A terceira é a consideração dos contextos sociais, políticos, institucionais na configuração das práticas escolares.

Preocupados, portanto, em compreender o processo de formação profissional, esses autores destacam os tipos que compõem os saberes docentes, que podem ser enfatizados, no conjunto, como os seguintes: os saberes disciplinares, os saberes pedagógicos e os saberes da experiência. Considera-se que esses tipos são compostos pelas principais referências que os professores dispõem para compor os conhecimentos e que orientam as práticas docentes específicas, como a de geografia.

Os saberes disciplinares

Conforme foi visto, é um obstáculo à formação docente a afirmação de que, para ensinar, basta saber o conteúdo a ser ensinado, uma vez que desconsidera outros tipos de saber próprios da docência. Essa afirmação, no entanto, não pode levar a inferências sobre a relatividade desse tipo de conhecimento, pois, se é verdade que ele não é suficiente para o trabalho docente, também é verdade que ele é condição mínima. Em outras palavras, não se pode ser professor sem domínio pleno de conteúdo disciplinar, o que requer a clareza sobre o que é ter esse "domínio pleno". Certamente, não se trata de conhecer todos os desdobramentos da ciência de referência, com suas inúmeras teorias, fórmulas, modelos e tipologias para analisar a realidade; também não se trata de ter em mente todas as informações atinentes a essa ciência. O desenvolvimento e a ampliação da produção científica, bem como a consciência dos limites dessa produção levam à relativização da possibilidade de domínio completo de toda a produção científica de uma área. No entanto, esse mesmo raciocínio fundamenta a defesa de que o requerido domínio está relacionado ao conhecimento da trajetória teórica e metodológica da área em questão e à capacidade de operar com as categorias e os conceitos por ela produzidos, além de se ter consciência das principais contribuições dessa área para a compreensão da realidade local e global ao longo do tempo e na atualidade. É esse domínio que dá ao professor mais autonomia para compor o conteúdo escolar a ser trabalhado com os alunos.

No campo das didáticas específicas, alguns estudos que compreendem a multidimensionalidade na composição dos saberes profissionais do professor buscam compreender esse processo de estruturação do conteúdo escolar.

Chevallard (1991), didata francês do campo do ensino das matemáticas, tornou-se uma referência importante no Brasil na constituição dos conhecimentos, com a tese da transposição didática. Essa contribuição se deu principalmente no sentido de destacar a ideia de adaptação, ou transformação, do saber da ciência em saber efetivamente ensinado. Segundo o autor, esse conceito está relacionado com o sistema didático e é um processo amplo, de "passagem" do saber acadêmico ao saber ensinado, que não se restringe ao ato de preparar didaticamente um curso, que envolve toda a reflexão pedagógico-didática e epistemológica sobre os saberes, em vários níveis, desde os que se dedicam a sistematizar teoricamente esse processo, os estudiosos da didática, passando pelos elaboradores de propostas e diretrizes curriculares e autores de livros didáticos, até o professor que prepara seu curso, que faz suas opções de conteúdo. O conceito de transposição didática, ainda que se possam fazer adequações e/ou críticas ao seu entendimento, contribui para entender mais concretamente os diferentes aspectos – destacadamente os epistemológicos e os didáticos – que envolvem o processo de constituição dos conteúdos de geografia que se veiculam na escola. A transposição didática, numa compreensão que não equivale a uma transferência direta ou simplificação do conhecimento científico, configura as disciplinas escolares, como a geografia escolar, tendo em vista o funcionamento didático e a dinâmica própria dessa disciplina diante das demandas da academia e das demandas sociais.

Shulman (2005, p. 21), outra referência que tem tido repercussão no Brasil mais recentemente, tem considerações importantes sobre esse processo da constituição dos saberes dos professores a serem ensinados e destaca, para o processo de formação, o conceito de conhecimento didático do conteúdo, que, segundo ele, representa a combinação adequada entre o conhecimento da matéria a ensinar e o conhecimento pedagógico e didático referido a como ensiná-la, e esse conhecimento orienta o professor na estruturação da matéria:

> A chave para distinguir o conhecimento base para o ensino está na interseção da matéria e da didática, na capacidade de um docente para transformar seu conhecimento da matéria em formas que sejam didaticamente impactantes e ainda assim adaptáveis à variedade que apresentam seus alunos quanto a habilidades e bagagens.

Essas reflexões ligadas ao currículo e à história das disciplinas buscam, para sua estruturação, sentido não apenas lógico-científico, mas também social, entendendo que a disciplina é uma construção/reconstrução constante, feita pelos sujeitos do processo. Nessa concepção, os conteúdos a serem ensinados, como os conteúdos geográficos, são definidos, antes de tudo, com base em objetivos sociopolíticos para a educação, têm como referência importante a ciência, mas se estruturam por inúmeras mediações didáticas (cf. Lopes 1997 e 2007). Tal linha de reflexão procura destacar as diferenças entre a estrutura das disciplinas escolares e a dos ramos científicos de referência, entendendo que, entre eles, não há hierarquia, transposição direta ou mecanismos de simplificação, mas mediações didáticas.

Professores de geografia no ensino fundamental e médio, em várias ocasiões de contato com professores da universidade, em momentos de formação continuada, frequentemente comentam que os conteúdos que estudaram na universidade não se aplicam à geografia da escola. De um lado, sabe-se que não há correspondência direta entre as disciplinas científicas e as escolares. De outro, é importante esclarecer as relações existentes entre elas. A despeito de estudos já realizados sobre a história dessas duas "geografias" e da distinção entre elas (ver, por exemplo, Braga 2000; Rocha 2000), a compreensão da distinção e da relação entre as duas permanece ainda um campo relevante de pesquisa. As questões que podem orientá-la são, entre outras: que conteúdos geográficos os professores veiculam, de fato, em sala de aula? Como organizam o trabalho com esse conteúdo? Quais as fontes de conteúdo que procuram para planejar aulas? Como se utilizam do livro didático? Será ele ainda a única fonte do conteúdo veiculado? E, como se utilizam, se é que se utilizam, dos conhecimentos acadêmicos para preparar aulas?

O fato é que, ainda que a geografia acadêmica seja importante para a formação inicial dos saberes dos professores, no exercício profissional, eles acabam se distanciando do que tem sido produzido e reelaborado na academia e buscando outras fontes para a construção de seu conhecimento geográfico. Entre essas fontes estão: a internet, as enciclopédias, as revistas e os livros didáticos e paradidáticos. No entanto, é preciso fazer a ressalva de que é possível que, em alguma medida, o chamado distanciamento em relação à geografia acadêmica seja, na verdade, decorrência do processo de constituição/reconstituição da geografia escolar pelo professor, com as diferentes referências que ele utiliza.

O que se quer dizer é que há, de fato, um distanciamento, e até mesmo uma separação, entre a academia, os conhecimentos e a matéria de ensino que se pratica na escola. Porém, não se pode entender que toda a diferença entre uma e outra "geografia" seja uma questão de distanciamento ou de não reconhecimento entre elas, já que pode acontecer, de fato, uma reelaboração de conhecimentos, por sucessivos processos de mediação, mediação da teoria e mediação da prática.

Então, o professor de geografia, por exemplo, para construir seu trabalho, tem como referência os conhecimentos geográficos acadêmicos, tanto da geografia acadêmica quanto da didática da geografia. Mas, para "construir", "dar vida" ao conteúdo a ser trabalhado, ele não aplica simplesmente esses conhecimentos, ele também se nutre da própria geografia escolar, já constituída nas escolas e na tradição escolar, que é o conhecimento a respeito dessa matéria escolar construído por outros professores, seus colegas mais experientes. Além disso, ele tem outras referências, que são suas próprias concepções, resultantes de sua experiência escolar. Da mesma forma, é preciso fazer a ressalva de que a distância entre uma geografia e outra, ou entre as referências científicas e a matéria escolar, não pode significar um descolamento dos autores do currículo praticado (os professores e seus saberes) com respeito ao desenvolvimento das investigações e da produção no âmbito da academia, que são, de fato, suas referências básicas.

Saberes pedagógico-didáticos

Os saberes referentes ao universo de trabalho do professor e à sua natureza são aqueles alusivos à escola e aos saberes sobre práticas de sala de aula. Os primeiros podem ser denominados saberes sobre gestão escolar e os segundos, saberes sobre métodos pedagógicos.

Quanto ao primeiro conjunto de saberes, é relevante pensar em como eles são construídos na formação profissional. Assim, são relevantes questões do tipo: nos cursos de licenciatura, os alunos recebem formação eficaz referente à escola e a sua gestão? A dita formação pedagógica do professor de disciplinas específicas (nas diferentes licenciaturas) tem focado a compreensão da instituição escolar e a atuação como gestor ou cogestor da escola? Na prática, os professores de matérias específicas têm sido gestores da escola? Eles têm se envolvido na rotina da escola, no seu projeto político pedagógico? E o corpo gestor da escola tem se envolvido com o trabalho de cada professor na sala de aula? Os projetos políticos pedagógicos estão sendo de fato construídos e avaliados pelos sujeitos do processo, ou seja, pelos alunos e pelos professores das diferentes áreas do ensino?

O alcance da atuação dos professores em atividades de ensino-aprendizagem está estreitamente vinculado às metas e às estratégias traçadas em projetos da escola; estes, por sua vez, estão subordinados, em boa medida, aos programas e aos objetivos definidos para a educação pelas políticas públicas. Assim, é imprescindível que os professores tenham referências a respeito do papel desempenhado pela educação, historicamente e na atualidade, e especificamente pela educação escolar na sociedade, particularmente na sociedade brasileira. Entender essa relação entre educação e sociedade é importante para perceber os limites da própria atuação em sala de aula e para fazer frente aos argumentos que responsabilizam os profissionais, diretamente, pelos resultados de aprendizagem dos alunos, como no caso de alguns programas de avaliação externa de escolas e suas repercussões na premiação ou na punição de professores.

As oportunidades de formação voltadas para conhecer as características, a relevância e o alcance do projeto político-pedagógico são fundamentais para preparar o professor para seu papel na elaboração de projetos nas escolas, tal como hoje está sendo indicado. Com efeito, o que está sendo requerido, nesse aspecto, é que a escola elabore e pratique um projeto que articule metas para o trabalho a ser realizado, com a participação de todos os professores na sua concepção, na sua realização e na sua avaliação. Ou seja, as reflexões sobre a escola ante as demandas atuais apontam para uma gestão coletiva da instituição escolar (Veiga 2004). Defendendo, como um dos princípios da gestão escolar, a participação de seus membros, Libâneo (2004a) destaca o projeto pedagógico curricular como instrumento dessa participação, afirmando que este é um ingrediente do potencial formativo das situações de trabalho. No desenvolvimento desse projeto, no planejamento, na realização e na avaliação estão incluídos os debates e as reflexões coletivas sobre os conteúdos das disciplinas, sua estruturação e seleção, sua abordagem e o acompanhamento dos resultados de aprendizagem dos alunos.

O segundo conjunto de saberes nessa classificação é composto por aqueles voltados mais diretamente à sala de aula[4] e a sua dinâmica como espaço instituído para permitir o desenvolvimento do processo de ensino e aprendizagem dos alunos. Esta é, com efeito, a função central

---

4. Não é adequado considerar essas divisões de tipo de saberes – tanto os disciplinares, pedagógico-didáticos e da prática, quanto às diferentes modalidades em cada um desses tipos – como separados ou dispostos linearmente, de forma que levem à concepção de que o saber docente é resultado de um somatório de todos eles. O objetivo dessas "classificações" e divisões é ajudar a entender as diferentes composições possíveis para a formação do professor, desde que sejam tomadas como um todo complexo com elementos interdependentes.

da escola: a aprendizagem dos alunos (Nóvoa 2007 e Libâneo 2011b). Trata-se de uma visão de escola como instituição capaz de contribuir para a democratização social e para a promoção da inclusão social, baseada fundamentalmente em seu compromisso com a aprendizagem dos conhecimentos produzidos historicamente e com o desenvolvimento cognitivo, afetivo, emocional, social e moral dos alunos.

Nesse sentido, nos projetos de formação profissional de professores, devem-se realçar os conhecimentos sobre os processos de aprendizagem articulados com os conhecimentos das disciplinas específicas. São conhecimentos referentes aos modos pelos quais as pessoas aprendem, aos mecanismos de mediação próprios do ato de ensinar, às contribuições específicas da matéria a ensinar no desenvolvimento intelectual, social e emocional dos alunos; aos instrumentos e procedimentos adequados, levando-se em conta os conteúdos ensinados e os alunos, aos modos de abordagem dos conteúdos considerando situações concretas em que as atividades ocorrem ou ocorrerão, aos instrumentos e às estratégias de avaliar e acompanhar os resultados das aprendizagens conseguidas, aos contextos sociais, intersubjetivos e individuais dos alunos.

Baseando-se numa visão vygotskiana de didática, como sistematização de conhecimentos e práticas referentes aos fundamentos, às condições e aos modos de realização do ensino e da aprendizagem, Libâneo (2011a, p. 59) afirma que o problema pedagógico-didático na educação escolar se refere a:

- quais conteúdos contribuem para a formação das capacidades cognitivas dos alunos (conhecimento dos saberes disciplinares);
- como se organiza o conhecimento a ser trabalhado com os alunos e como esse conhecimento pode ser mais bem apropriado pelo aluno, e de modo mais eficaz, por meio da mediação (comunicação) do professor (conhecimento pedagógico do conteúdo);
- como o professor organiza e gere (lidera) a sala de aula, especialmente as relações professor-alunos e as formas

de planejar e organizar as situações pedagógicas e de aprendizagem;
- como a escola deve ser organizada, como espaço de práticas socioculturais, pedagógicas e institucionais.

Com essas referências, é possível e necessário estruturar os cursos de licenciatura, para que busquem prover os futuros professores de elementos que os ajudem a construir os saberes que serão requeridos na atuação profissional, no cotidiano da escola. Isso significa se voltar para a realidade mais concreta, possibilitando uma visão crítica da instituição, de suas possibilidades e de seus limites, para aprendizagens específicas – com eixos disciplinares que podem ser potencializados em projetos articulados.

Certamente, a concepção de didática aqui defendida não é a que se centra em orientações práticas e instrumentais, embora não as exclua, mas a que se baseia em reflexões sobre princípios, metas e caminhos do ensino, tendo em vista uma visão política de educação e uma concepção epistemológica do processo de aprender.

Uma didática voltada para a autonomia dos alunos tem de ser aquela que busque formas de operacionalizar as rotinas da escola e das salas de aula que proporcionem oportunidades para que o aluno se desenvolva. As aulas, as atividades, a relação professor-aluno devem se orientar por essa meta. Além disso, essa didática deve orientar, por assim dizer, a estruturação das diferentes disciplinas ou de uma disciplina específica, mas que tem sua lógica na própria disciplina. Cada uma das matérias escolares tem um jeito próprio de ver a realidade, um modo próprio de contribuir para que as pessoas compreendam a realidade natural e social em sua complexidade e em seu movimento. Nesse ponto, os princípios da didática se articulam com os métodos de pensar e de construir os conhecimentos de cada uma das disciplinas escolares, formando, assim, as metodologias específicas. São conhecimentos basilares da formação, mas que não são separados ou isolados e não devem ser encarados como garantidores de qualidade do trabalho docente, mas como o quadro de referência estruturador dos conhecimentos do professor.

As discussões no campo da didática, nessa concepção, incluem também as referentes às metas da educação no sentido de formar valores. A formação ética está transversalmente inserida como objetivos das diferentes disciplinas, uma vez que todas elas trabalham com relações humanas, com formação humana. Ao se discutir neste livro a visão do papel do professor como profissional que lida com o desenvolvimento dos alunos, foi destacado seu papel de contribuir para formar seres humanos, de proporcionar a eles meios para construir e reconstruir sua visão de mundo e de sociedade, o que certamente inclui valores e atitudes em reflexão e em ação. No desempenho desse papel, ele também toma decisões sobre suas atitudes e sobre a atitude dos alunos, não com base em costumes cristalizados nem com base no senso comum, mas baseado em reflexões sobre suas próprias atitudes, sobre suas próprias posições.

Saberes da experiência prática e da história de vida

Na prática cotidiana, os professores mobilizam esses saberes com maior ou menor grau de consciência, para orientar sua atividade, para responder às demandas dessas atividades. Em momentos diferentes, na elaboração do projeto político-pedagógico, na rotina das aulas, nos momentos de avaliação, na preparação das atividades avaliativas, ele tem a oportunidade de avaliar os saberes que o orientam, confirmando, reforçando ou ressignificando suas crenças.

Nessa prática cotidiana, outras referências mais gerais e não acadêmicas são relevantes na composição do trabalho docente. Elas são de variadas dimensões, podendo-se apontar: a história de vida dos professores, suas influências familiares, suas influências de infância, suas aprendizagens com seu grupo de socialização mais primária, enfim, toda a história e experiência de vida, toda a vivência que interfere e impõe elementos fundamentais na composição dos conhecimentos que orientam a prática docente. Uma dessas referências são as concepções pessoais dos professores, resultantes de sua experiência com a prática escolar (com respeito a temas como: o que é ensinar, o que é aprender, o que é ser professor, e muitas outras). Outras são as próprias práticas escolares compartilhadas no exercício da profissão, ou seja, o modo pelo qual se organiza a escola quanto às orientações de currículo e de planos de ensino, às referências oficiais que os professores buscam (diretrizes curriculares, livros didáticos), a forma pela qual coletivamente organizam as atividades de planejamento e avaliação do projeto pedagógico. Assim, compõem os saberes da experiência dos professores aqueles que eles constroem quando vivenciam a escola antes de se tornarem profissionais, quando ainda são alunos, ou como cidadãos que se orientam por representações sociais a respeito da escola e da prática de professores, e aqueles provenientes da prática no exercício profissional.

Essa é uma dimensão muito importante a ser considerada nos processos formativos, uma vez que se sabe, pela pesquisa e por depoimentos de professores, que muito do que eles fazem e constroem no seu trabalho cotidiano nem sempre é resultado de sua formação acadêmica, mas de conhecimentos práticos. O delineamento do trabalho docente se dá, portanto, no exercício de práticas escolares cotidianas individuais, dos grupos pequenos das escolas ou mesmo com base na tradição, ao se pautar por modos usuais e práticos de se relacionar com os alunos, de encaminhar as aulas, de organizar as atividades com os alunos, de apresentar conteúdo no quadro, de avaliar os alunos, de planejar aulas, de discutir currículo.

Em relação a isso, um dos grandes desafios dos cursos de formação está em problematizar a história de vida e a história escolar de cada um dos alunos, objetivando desconstruir suas concepções, suas imagens de professores, de escola (negativas ou positivas, não importa) para reconstruir conhecimentos com os aportes da reflexão teórica sobre esses temas e com outros depoimentos de professores já sistematizados. A constatação que frequentemente é feita pelas pesquisas, de que os professores reproduzem, em muitos momentos de sua prática, modelos construídos no período em que eram alunos da escola básica ou mesmo dos cursos de licenciatura, e não se orientam por teorias pedagógicas ou didáticas, coloca em relevo a força da prática e dos conhecimentos da prática para orientar o exercício profissional. As orientações para alterar práticas docentes, a fim de torná-las mais afinadas com as metas educativas definidas no âmbito da teoria, não podem considerar hierarquicamente essas duas dimensões do conhecimento e de referência dos professores nem entender que as recomendações de uma são passíveis de aplicação automática pela outra. Na verdade, teoria e prática são duas dimensões que se alimentam mutuamente na composição do trabalho profissional, desde que uma e outra sejam problematizadas e confrontadas, como mediações que o professor dispõe para lidar com a realidade.

De volta ao professor e aos princípios de sua formação

Ao finalizar o capítulo, reafirma-se a crença no papel político da profissão do professor como um dos eixos de sua formação, o que implica acreditar que, apesar de não ser possível transformar o mundo pela educação, há um papel a desempenhar nessa tarefa, que é de responsabilidade do professor. Trata-se de defender um projeto de sociedade e atuar, tendo como orientação esse projeto, não como doutrina a impor aos alunos, mas como direção e intencionalidade para suas ações, tendo em vista a transformação da sociedade, rumo a novos caminhos, a novos propósitos. Essa crença guia o professor em suas atividades, pois acredita que a história não é inerte, que o movimento faz parte da realidade e que a configuração da realidade, e nesse caso da realidade educacional brasileira, depende em alguma medida da atuação dos professores e das gerações que eles formam.

Essa orientação como "máxima" da formação dá a ela um sentido amplo, ajudando o professor na construção do seu saber e fazer profissional, contribuindo com alinhamentos possíveis de diferentes fragmentos, dimensões e hibridizações dos processos identitários e dos conhecimentos construídos, para fortalecer suas convicções ao lidar, com mais competência e autonomia, com uma realidade instituída e com as dificuldades de experimentar novas práticas.

2
REFERÊNCIAS PEDAGÓGICO-DIDÁTICAS PARA A GEOGRAFIA ESCOLAR*

Entre as políticas e os programas implantados pelo governo federal nas duas últimas décadas, estão aqueles referentes às propostas de reformulação de conteúdos de disciplinas e de estrutura curricular, cujo marco é a década de 1990. Assim, a discussão sobre a geografia escolar e suas propostas de reorganização curricular tem sido constante desde o aparecimento de documentos oficiais como a Lei de Diretrizes e Bases da Educação Nacional e os Parâmetros Curriculares Nacionais (PCNs), para o ensino fundamental e médio, e os programas curriculares estaduais e municipais, que se orientaram por essa legislação superior, envolvendo diferentes especialistas na área.[1] O conteúdo dessa discussão pode ser

---

*   Este capítulo é uma versão ampliada e atualizada de artigo publicado no livro *Geografia e práticas de ensino* (Cavalcanti 2002).
1.   Essa discussão é tema de várias publicações de referência recorrente para os que se especializam no ensino de geografia: Castrogiovanni *et al.* (1999), Cavalcanti (1998), Kaercher (1997), Carlos e Oliveira (1999).

situado em duas posições: numa, busca-se consolidar um projeto oficial para o ensino e para a geografia, em particular; noutra, como resistência a esse projeto, investigam-se modos alternativos e mais autônomos de trabalho com a geografia, sem vínculo explícito com as orientações de caráter oficial. Embora seja considerada positiva a existência de diferentes posições quanto ao que pode ser a geografia na escola, razão pela qual se defende justamente o caráter de referência para as propostas, é importante buscar pontos comuns entre essas orientações (oficiais ou não), já que todas elas se têm colocado como tentativas de reestruturação da geografia escolar, para que esta cumpra melhor sua tarefa social.

Com base em estudos e pesquisas produzidos nos últimos anos, é possível realizar um balanço, a fim de encontrar orientações curriculares que convirjam para uma proposta de ensino de geografia voltada para a formação de cidadãos críticos e participativos. As "ideias motrizes" que despontaram e ganharam força depois desses eventos são as seguintes:

- o construtivismo como atitude básica do trabalho com a geografia escolar;
- a "geografia do aluno" como referência do conhecimento geográfico construído em sala de aula;
- a seleção de conceitos geográficos básicos para estruturar os conteúdos de ensino;
- a definição de conteúdos procedimentais e valorativos para a orientação de ações, atitudes e comportamentos socioespaciais.

O construtivismo como atitude básica do trabalho com a geografia escolar

O construtivismo é tomado aqui em sentido amplo, já que não há, nas indicações para o ensino de geografia, uma concepção única dessa proposta. É notório, todavia, o entendimento de se considerar o ensino um processo de construção de conhecimento e o aluno como sujeito ativo desse processo e, em consequência, enfatizar atividades de ensino que permitam a construção de conhecimentos como resultado da interação do aluno com os objetos de conhecimento.

Nas reflexões e nas análises feitas por Kaercher (1997, 1998), por exemplo, é possível ver a preocupação constante em superar a visão do ensino reprodutor de conhecimento e assumi-lo como atividade de "construção coletiva do saber". Ao assumir a ideia de conhecimento como construção do sujeito ante o mundo, o autor recomenda:

> Combater a visão de currículo que privilegia a informação e a quantificação ou a fragmentação do saber. A criação deve ser enfatizada. Aliar informação com reflexão. Buscar mais de uma versão para um fato. Mostrar os conflitos de interesses e as mensagens nas entrelinhas dos textos. (Kaercher 1997, pp. 136-137)

Outro exemplo dessa orientação são as formulações de Vesentini (1998, p. 20) a respeito das possibilidades de a escola cumprir sua dupla função de instituição indispensável à reprodução social e de instrumento de libertação. Segundo o autor, há necessidade de elevar a escolaridade da população brasileira em geral:

> Essa escolaridade tem que ser fundamentada num ensino não mais "técnico", como na época do fordismo, e sim "construtivista", no sentido de levar as pessoas a pensar por conta própria, aprendendo a enfrentar novos desafios, criando novas respostas em vez de somente repetir velhas fórmulas.

Na proposta de geografia escolar expressa nos PCNs, também está presente uma concepção construtivista de ensino. No documento que traz a proposta de geografia para a primeira fase do ensino fundamental,[2] essa concepção pode ser inferida, como nos seguintes trechos:

---

2. Nessa proposta há que se destacar a organização do ensino por ciclos (quatro ciclos), para substituir a convencional estrutura por séries ou anos (1ª a 8ª séries ou os atuais nove anos do ensino fundamental), estrutura que tem sido, desde então, "aplicada" em algumas redes de ensino do país (municipais e estaduais).

Abordagens atuais da geografia têm buscado práticas pedagógicas que permitam apresentar aos alunos os diferentes aspectos de um mesmo fenômeno em diferentes momentos da escolaridade, de modo que os alunos possam construir compreensões novas e mais complexas a seu respeito. (Brasil 1998, p. 115)

Espera-se que, ao longo dos oito anos do ensino fundamental, os alunos construam um conjunto de conhecimentos e atitudes relacionados à geografia. (*Ibid.*, p. 121)

Por sua vez, a perspectiva histórico-cultural – denominação proveniente dos estudos de Vygotsky – concebe o ensino como uma intervenção intencional nos processos intelectuais, sociais e afetivos do aluno, buscando sua relação consciente e ativa com os objetos de conhecimento. Esse entendimento implica, resumidamente, afirmar que o objetivo maior do ensino é a construção do conhecimento pelo aluno, para que todas as ações estejam voltadas à eficácia do ponto de vista dos resultados no conhecimento e do desenvolvimento do aluno. Tais ações devem pôr o aluno, sujeito do processo, em atividade diante do meio externo, o qual deve ser "inserido" no processo como objeto de conhecimento, ou seja, o aluno deve ter com esse meio (que são os conteúdos escolares) uma relação ativa, como uma espécie de desafio que o leve ao desejo de conhecê-lo.

A referência a ações que dirigem o processo, nessa concepção, ressalta outro aspecto igualmente importante: no ensino, a construção do conhecimento do aluno é socialmente mediada. Não é uma atividade espontânea do sujeito; ela é, ao contrário, uma atividade consciente e intencionalmente dirigida por outro agente, que é o professor. É como agente que intervém no processo do aluno que o professor apresenta, propõe, "coloca" como objeto de conhecimento temas, problemas, dilemas e conteúdos.

É certo que há muitas visões de construtivismo e que elas são diferentes entre si, mesmo entre as que têm como referência a linha de investigação da teoria histórico-cultural, originalmente orientada pelas ideias de Vygotsky.[3] Também é certo que já está consolidada a ideia de construtivismo na cultura escolar, fazendo parte do ideário de grande parte de professores, coordenadores e diretores de escolas públicas e privadas, sobretudo de ensino fundamental. No entanto, há ainda concepções variadas e até conflitantes do que sejam efetivamente uma orientação metodológica e uma proposta de ação pedagógica com base no construtivismo, o que resulta muitas vezes, como está evidenciado em pesquisas, em práticas de aula espontaneístas, em flexibilização demasiada de conteúdos, em recusa do professor a se pautar por qualquer referência que não seja o desejo do aluno e de sua motivação. Essa visão dominante nas práticas do ensino rotulado, em geral, como construtivista propicia/facilita a expansão de projetos de "escola do acolhimento", segundo Libâneo (2011b), em detrimento de "escolas do conhecimento".

Como contraponto, outra compreensão do que seja uma escola para o século XXI e de seu papel no desenvolvimento do aluno enfatiza a ideia de ensinar tendo em vista o desenvolvimento cognitivo, social e afetivo do aluno. Um dos desafios da escola, entendida nesses termos, tem relação com a proposta de Nóvoa (2007) de centrar os objetivos da escola na aprendizagem dos alunos.

Para compreender melhor a metodologia do ensino de geografia formulada com base em um construtivismo crítico (para marcar a diferença em relação a outras concepções construtivistas), entendido como expressão para designar um entendimento da linha histórico-cultural de Vygotsky, é útil indicar os elementos fundamentais desse processo de ensino – aluno, professor e geografia escolar – e o papel que cada um desempenha, como explicitado no quadro a seguir.

---

3. Vygotsky foi um psicólogo russo, nascido em Orsha, em 1896. Desenvolveu sua produção na psicologia basicamente em Moscou, onde faleceu em 1934, com 38 anos. Seu trabalho tinha como foco a demonstração do caráter histórico e social da mente humana e da possibilidade de intervir em seu desenvolvimento. Mais elementos dessa linha para o ensino de geografia podem ser encontrados em Cavalcanti (2005) e no Capítulo 7 deste livro.

Quadro I – Elementos do processo de ensino de geografia em uma concepção de construtivismo crítico

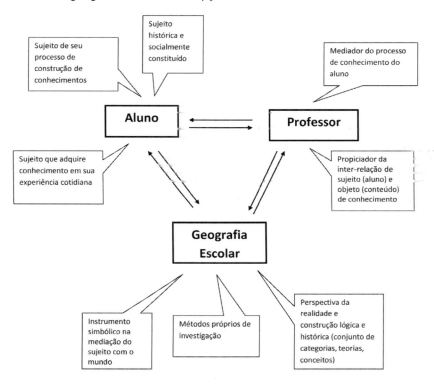

A "geografia do aluno" como referência do conhecimento geográfico construído em sala de aula

No ensino de geografia, os objetos de conhecimento são os saberes escolares[4] referentes ao espaço geográfico. São resultados da cultura

---

4. Saberes escolares são entendidos como conceitos, procedimentos e valores. Isso significa que são objetos de conhecimento não apenas aqueles sistematizados, mas também os procedimentos, as habilidades, as atitudes e os valores ligados a esses conhecimentos.

geográfica elaborada cientificamente pela humanidade e considerada relevante para a formação do aluno. Propostas mais recentes desse ensino são pautadas na necessidade de trabalhar com os conteúdos escolares sistematizados de forma crítica, criativa, questionadora, buscando favorecer sua interação e seu confronto com outros saberes.

A escola é, nessa linha de entendimento, um lugar de encontro de culturas, de saberes, de saberes científicos e de saberes cotidianos, ainda que o seu trabalho tenha como referência básica os saberes científicos. A escola lida com culturas, seja no interior da sala de aula, seja nos demais espaços escolares, e a geografia escolar é uma das mediações pelas quais o encontro e o confronto entre culturas acontecem.

Na escola, portanto, o ensino das diferentes matérias escolares, a metodologia e os procedimentos devem ser pensados em razão da cultura dos alunos, da cultura escolar, do saber sistematizado e em razão, ainda, da cultura da escola. A tensão entre a seleção *a priori* de um conhecimento, a organização do trabalho pedagógico na escola e a identidade de alunos e professores deve ser a base para a definição do trabalho docente. Nesse sentido, ensinar geografia é abrir espaço na sala de aula para o trabalho com os diferentes saberes dos agentes do processo de ensino – alunos e professores.

Em suas atividades diárias, alunos e professores constroem geografia, pois, ao circularem, brincarem, trabalharem pela cidade e pelos bairros, eles constroem lugares, produzem espaço, delimitam seus territórios. Assim, vão formando espacialidades cotidianas em seu mundo vivido e contribuindo para a produção de espaços geográficos mais amplos. Ao construírem geografia, constroem também conhecimentos sobre o que produzem, conhecimentos que são geográficos. Então, ao lidar com coisas, fatos e processos na prática social cotidiana, os indivíduos vão construindo e reconstruindo geografias (no sentido de espacialidades) e, ao mesmo tempo, conhecimento sobre elas (Cavalcanti 1998).

A prática cotidiana dos alunos é, desse modo, plena de espacialidade e de conhecimento dessa espacialidade. Cabe à escola trabalhar com esse conhecimento, discutindo, ampliando e alterando a qualidade das práticas dos alunos, no sentido de uma prática reflexiva e crítica, necessária ao exercício conquistado de cidadania.

Damiani (1999, p. 58) traz uma discussão sobre um projeto educativo para a geografia voltado à construção da cidadania, preocupada em considerar a experiência do aluno e, pelo ensino, ampliá-la:

> É possível, embora este não seja o único objetivo, realizar um trabalho educativo, visando esclarecer os indivíduos sobre sua condição de cidadãos, quando se apropriam do mundo, do país, da cidade, da casa e, ao mesmo tempo, decifrando os inúmeros limites decorrentes das alienações. O trabalho consiste em discernir as experiências sociais e individuais e, assim, potencializá-las.

A referência à formação da cidadania como uma das tarefas da escola já é uma ideia bastante consolidada e, por isso mesmo, é importante delimitar os significados mais concretos desse conceito. Formar cidadão é um projeto que tem como centro a participação política e coletiva das pessoas nos destinos da sociedade e da cidade. Essa participação está ligada à democracia participativa, ao pertencimento à sociedade. Assim, nesse conceito, pressupõe-se a conexão entre espaço público e construção da identidade dos cidadãos. A complexidade da noção requer, pois, que a escola e os professores definam com clareza conteúdos específicos para orientar o projeto educativo dos jovens, organizando ações que propiciem a discussão do conceito e ações que pressuponham o exercício da cidadania no próprio espaço escolar, certamente relacionadas ao cotidiano dos alunos. Além disso, na discussão e no tratamento dos conteúdos específicos das disciplinas, entre as quais a geografia tem papel importante, perpassam informações, processos, valores e atitudes que orientam práticas cidadãs cotidianas.

Outro autor que demonstra preocupação com a inclusão da geografia do cotidiano em sala de aula afirma:

> *Os conceitos e vivências espaciais (geográficas) são importantes, fazem parte de nossa vida a todo instante. Em outras palavras:*

Geografia não é só o que está no livro ou o que o professor fala. Você a faz diariamente. Ao vir para a escola a pé, de carro ou de ônibus, por exemplo, você mapeou, na sua cabeça, o trajeto. *Em outras palavras: o homem faz Geografia desde sempre.* (Kaercher 1998, p. 74; grifos do autor)

Entre as recomendações presentes nos textos sobre ensino de geografia também está considerar os conhecimentos que os alunos trazem para trabalhar determinados conteúdos, seja sobre o município (Callai 1998), a globalização (Castrogiovanni 1998) ou até algo mais específico, como o tema do separatismo no Brasil (Kaercher 1998).

Essas orientações para estruturar o trabalho docente considerando os conhecimentos geográficos dos alunos também perpassam a proposta de geografia dos PCNs para o ensino fundamental. Alguns trechos dos documentos servem como ilustração:

> As percepções que os indivíduos, grupos ou sociedade têm do lugar em que se encontram e as relações singulares que com ele estabelecerem fazem parte do processo de construção das representações de imagens do mundo e do espaço geográfico. As percepções, as vivências e a memória dos indivíduos e dos grupos sociais são, portanto, elementos importantes na constituição do saber geográfico. (Brasil 1998, p. 110)

> Mesmo que ainda não tenham tido contato com o conhecimento geográfico de forma organizada, os alunos são portadores de muitas informações e idéias sobre o meio em que estão inseridos e sobre o mundo. (*Ibid.*, p. 128)

Seleção de conceitos geográficos básicos para estruturar conteúdos de ensino

Admitindo-se que o objetivo do ensino de geografia seja desenvolver o pensamento autônomo com base na internalização do raciocínio geográfico, tem-se considerado importante organizar os conteúdos valendo-se de conceitos básicos e relevantes, necessários à apreensão do espaço geográfico. A ideia é encaminhar o trabalho com os conteúdos geográficos e com a construção de conhecimentos, para que os cidadãos desenvolvam um modo de pensar e agir que considere a espacialidade das coisas, nas coisas, nos fenômenos que vivenciam mais diretamente ou como parte da humanidade.

No mundo contemporâneo, há uma complexificação do espaço, que se tornou global. O espaço vivenciado hoje é fluido, formado por redes com limites indefinidos e/ou dinâmicos, e ultrapassa o lugar de convívio imediato. É, também, um espaço extremamente segregado e segregador, onde cresce a cada dia o número de excluídos, de violentados, de desempregados, de sem-terra, de sem-teto.

Um espaço assim produzido, mas aparentemente desorganizado, é de difícil compreensão para o cidadão. O conhecimento mais integrado do espaço de vivência requer, hoje, cada vez com mais intensidade, instrumentos conceituais que tornem possível apreender o máximo dessa espacialidade, daí a preocupação com a organização dos conteúdos, buscando a formação de conceitos geográficos.

A formação de conceitos é uma habilidade fundamental para a vida cotidiana. Os instrumentos conceituais são importantes, porque ajudam as pessoas a categorizar o real, a classificá-lo, a fazer generalizações. Os conceitos são importantes mediadores da relação das pessoas com a realidade. Eles nos libertam da escravidão do particular (Coll Salvador 1997).

Para trabalhar com vista à formação de conceitos, é recomendável a consideração das representações sociais dos alunos, ao menos por duas razões. Em primeiro lugar, ao expressar o conhecimento cotidiano do aluno, ou seja, o que ele já conhece e que é compartilhado socialmente, as representações sociais ajudam a superar o relativismo e o subjetivismo no ensino. Em segundo lugar, são conhecimentos ainda em construção, cuja referência inicial é a imagem mental. Assim, utilizar esse recurso metodológico permite o trabalho com conhecimentos ainda não conscientes e não verbalizados. As representações sociais estão no nível do conhecimento vivido, que contém elementos de um conceito já potencialmente existente nos alunos, que pode ser tomado como parâmetro de aprendizagem significativa.

Definição de conteúdos procedimentais e valorativos para a orientação de ações, atitudes e comportamentos socioespaciais

Essa orientação destaca a necessidade de o professor ir além do estudo dos fatos, das definições e, especialmente, da valorização exclusiva dos aspectos cognitivos do ensino. A divisão feita neste livro entre conteúdos conceituais, procedimentais e atitudinais não tem por fundamento uma ideia estanque desses conteúdos, Pelo contrário, a compreensão é de que se trata de conteúdos inter-relacionados, que assim devem ser tratados, de tal forma que, ao se trabalhar com um desses tipos em uma situação de aula, pode-se e deve-se trabalhar também com os outros tipos ou as outras dimensões do mesmo conteúdo. Aqui, a divisão tem o propósito de demonstrar modos de abordar alguns conteúdos, salientando determinadas metas do ponto de vista de diferentes habilidades.

O ensino é um processo que compõe a formação humana em sentido amplo, abarcando todas as dimensões da educação: intelectual, afetiva, social, moral, estética e física. Para isso, necessita estar voltado não só para a construção de conceitos, mas também para o desenvolvimento de capacidades e habilidades para operar esses conhecimentos e para a formação de atitudes, valores e convicções ante os saberes presentes no espaço escolar.

Coll Salvador (*ibid.*) destaca alguns dos conteúdos procedimentais e valorativos para os alunos em geral: habilidades para resolver problemas, selecionar informação, usar os conhecimentos disponíveis para enfrentar situações novas; trabalho em equipe; solidariedade com os colegas; respeito e valorização do outro. Esse autor esclarece que a diferenciação entre tipos de conteúdos é mais uma distinção pedagógica, relacionada com os objetivos e os modos de trabalhar os conteúdos, que os professores devem trabalhar os temas de ensino da perspectiva desses diferentes tipos de conteúdos.

Os *conteúdos procedimentais*, em geografia, dizem respeito aos temas trabalhados nas aulas com o intuito de desenvolver habilidades e capacidades para operar com o espaço geográfico. É a capacidade de observação de paisagens, de discriminação de elementos da natureza, de uso de dados estatísticos e cartográficos. Os PCNs de geografia dão destaque aos procedimentos nos seguintes termos:

> É fundamental que o professor crie e planeje situações de aprendizagem em que os alunos possam conhecer e utilizar os procedimentos de estudos geográficos. A observação, descrição, analogia e síntese são procedimentos importantes e podem ser praticados para que os alunos possam aprender e explicar, compreender e representar os processos de construção de diferentes tipos de paisagem, territórios e lugares. (Brasil 1998, p. 30)

Entre os conteúdos procedimentais da geografia escolar, cabe destacar a cartografia. O trabalho com cartografia é assunto recorrente nas pesquisas, seja para denunciar práticas inadequadas com essa linguagem ou ausência de trabalho cartográfico, seja para propor práticas consideradas mais adequadas a um ensino crítico de geografia (Castrogiovanni 1998; Callai e Callai 1998; Somma 1998; Simielli 1999; Kaercher 1997; Cavalcanti 1998, 2010a).

A cartografia é um importante conteúdo do ensino, por ser uma linguagem peculiar da geografia, por ser uma forma de representar análises e sínteses geográficas, por permitir a leitura de acontecimentos, fatos e fenômenos geográficos pela localização e pela explicação dessa localização, permitindo, assim, sua espacialização. Além disso, sabe-se que os alunos têm interesse acentuado em mapas.

Em pesquisas realizadas com alunos (Cavalcanti 1998; Kaercher 1997), verificou-se forte associação entre os termos geografia e mapa, podendo-se até mesmo afirmar que o mapa é a imagem mais forte da geografia na escola. Essa constatação, por si só, justificaria um investimento maior na busca de maneiras de aproveitar melhor o trabalho com mapas em sala de aula. No entanto, essa justificativa também se prende a sua reconhecida importância como linguagem peculiar do pensamento geográfico, aliada ao fato de que, paradoxalmente, há evidências de pouco trabalho no que tem sido chamado por alguns especialistas de "alfabetização cartográfica" ou "letramento geográfico" (conferir, por exemplo, Almeida 2007; Simielli 2007; Castellar e Vilhena 2010).

Dessa perspectiva, propostas mais recentes de trabalho com a cartografia têm buscado banir das salas de aula as práticas convencionais de copiar e colorir mapas. Em contrapartida, são recomendadas atividades que visem ao desenvolvimento de habilidades de mapear a realidade e de ler realidades mapeadas, ou seja, os professores devem buscar formar alunos mapeadores (e não cartógrafos) e leitores de mapas.

Assim, é importante o uso do mapa no cotidiano das aulas de geografia, para auxiliar análises e desenvolver habilidades de observação, manuseio, reprodução, interpretação, correção e construção de mapas. Os alunos podem ter a oportunidade de construir seus mapas, suas representações de realidades estudadas, aplicando operações mentais já desenvolvidas (como os mapas mentais), ou aprendendo elementos da cartografia para representar melhor a realidade. Os alunos precisam ter, também, a oportunidade de ler mapas, de localizar fenômenos, de fazer correlações entre fenômenos.

Simielli (1999 e 2007) traz uma proposta para a cartografia no ensino fundamental e médio, em que destaca como objetivo principal ajudar o aluno a se tornar um leitor crítico e um mapeador consciente, por meio de trabalho com o produto cartográfico já pronto, indo da alfabetização cartográfica à leitura crítica, em que se trabalha com um conjunto de correlações e por meio de sua participação efetiva na confecção de maquetes, croquis e elaboração de mapas mentais.

De acordo com Castrogiovanni (1998, p. 33), "os mapas devem fazer parte do cotidiano escolar e não apenas serem incluídos nos dias específicos de geografia. Devem ser vistos como uma possibilidade admirável de comunicação".

Na produção geográfica, têm sido evidenciados os limites dos mapas convencionais, construídos na lógica cartesiana de coordenadas, para representar práticas espaciais complexas e multidimensionais. É uma contribuição importante da pesquisa geográfica, apresentando maior clareza desses limites e demonstrando que há outras "cartografias", que podem também ser utilizadas para expressar essa complexidade, que envolve aspectos de concomitância, movimento, subjetividade, entre outros. Essas "cartografias" poderiam ser os mapas e desenhos mais livres e com expressão de significados e sentidos individuais e coletivos. No entanto, em certo nível de expressão dos fenômenos, a cartografia convencional é bastante relevante e adequada para representar sínteses e localizações de fenômenos, desde que o aluno seja alertado de que se trata de uma representação do fenômeno estudado, não o fenômeno mesmo.

Ainda, é importante lembrar que, para além da cartografia analógica, os avanços científicos e tecnológicos levaram à possibilidade de construção de mapas digitais, interativos, com uso de informações do geoprocessamento, conseguidas por meio de artefatos tecnológicos que avançam a cada dia. Essa "nova" cartografia e seus materiais de representação cartográfica devem ser utilizados com os mesmos princípios, ou seja, devem ser compreendidos como linguagem que expressa um fenômeno, uma leitura da realidade, uma síntese de aspectos analisados; assim, são uma representação subjetiva (por mais "obediente" que seja a técnicas de construção supostamente objetivas), nunca a própria realidade. Ou seja, os artefatos tecnológicos permitem ver melhor, com mais detalhes, com mais movimentos, com mais interatividade, determinados aspectos da realidade, levantados e trabalhados por um especialista (lembrando que ambos, técnica e especialista, são subjetivos).

Nesse particular, importa focar na geografia e na sua possibilidade de compreender a espacialidade, de produzir cientificamente essa compreensão. Qualquer produção, científica ou não, é um objeto cultural e assim deve ser considerada, não como verdade absoluta, não como a própria realidade. O conhecimento como construção subjetiva de uma realidade objetiva deve almejar aproximações com a realidade. Portanto, ao ensinar esse conhecimento, é importante que o professor deixe explícita a relatividade e a transitoriedade de todo saber, entre eles o científico. Nessa atividade de ensino, a referência é o saber científico, seja para ampliar o conhecimento do aluno, seja para desconstruir conhecimentos anteriores (do aluno, do professor, do livro). Nesse sentido, importa entender as limitações de todas as representações espaciais, inclusive as cartográficas. Entender as limitações não leva a desconsiderar a necessidade de aprendizagem do conhecimento científico socialmente válido, que, mesmo com suas limitações, é um instrumento importante para a vida em todas as escalas.

Além dos conteúdos procedimentais, com destaque dado na geografia aos referentes à representação espacial, há também os conteúdos atitudinais e valorativos.

Os *conteúdos atitudinais e valorativos* se referem à formação dos valores, atitudes e convicções que perpassam os conteúdos referentes a conceitos, fatos, informações e procedimentos. Trata-se daqueles conteúdos que auxiliam o aluno a agir no espaço, a influir na sua produção, como, por exemplo, a atitude de participação ativa na construção e na produção da moradia, corresponsabilidade na gestão dos territórios, valorização da vida no espaço, respeito ao direito das pessoas ao deslocamento no espaço. Vários são os conteúdos pertinentes a esse propósito; como exemplo, tem-se a inserção no ensino da temática racial, da temática dos jovens, da violência urbana, das manifestações culturais e do interculturalismo, da mulher, entre tantos outros temas polêmicos que devem ser incluídos no temário da geografia escolar e que exigem cuidados no tratamento adequado, não preconceituoso, não sectário. Neste capítulo, destaco o tema da cidade na sua relação com o cidadão e o tema da ética ambiental.

O tema da *cidade*[5] é crucial na formação da cidadania. A vida urbana é hoje uma experiência mundial, mais ainda quando se considera

---

5. Os temas apresentados neste capítulo, como cidade e cartografia, são destacados como conteúdos procedimentais e valorativos, por serem considerados muito importantes e esclarecedores dessas dimensões do ensino. Porém, isso não significa que não devam ser trabalhados na dimensão de conteúdos conceituais; ao contrário, esses conteúdos abrangem conceitos importantes, informações, fatos que não podem ser excluídos em uma seleção de conteúdos escolares. Aliás, essa distinção, como já foi mencionado,

que o urbano vai além de uma localização, pois é um modo de vida que ultrapassa fisicamente esse espaço. É, segundo Carlos (1999, p. 87), um produto social e histórico, em que o homem "apropria-se da natureza, transformando-a em produto seu, como condição do processo de reprodução da sociedade". Também Alves (1999, p. 135) argumenta sobre a importância da cidade:

> A cidade, mais do que a materialização das relações sociais e de produção, é todo um modo de viver, pensar e sentir. Ela é o lugar privilegiado do urbano, fenômeno que em parte existe na vida cotidiana das cidades e, ao mesmo tempo, está posto em sua totalidade, sendo parte de um processo em constituição na sociedade, ainda não realizado em todas as suas possibilidades.

O impacto da cidade na vida individual e social faz com que o exercício pleno da cidadania pressuponha uma concepção e uma prática de cidade – comportamentos, hábitos e ações concretas. O tema da cidade vem sendo contemplado em vários programas nos primeiros anos do ensino fundamental, que incluem em seu temário o estudo de bairros e municípios ou, nos anos finais, o processo de urbanização no Brasil e no mundo.[6]

Nos PCNs, o tema da cidade aparece em eixos temáticos: "O campo e a cidade como formações socioespaciais", no 3º ciclo, e "Ambiente urbano, indústria e modo de vida", no 4º ciclo. Esse tema aparece, também, nos temas transversais sugeridos nas propostas, especialmente os temas da ética, da pluralidade cultural e do trabalho e consumo.

---

  tem a finalidade pedagógico-didática de esclarecer as diferentes possibilidades de trabalho com os temas da geografia, mas não se considera possível lidar com esses conteúdos ou outros da mesma "classificação" fora dos conteúdos cognitivos.

6. Segundo Schaffer (1998, p. 107), nos últimos anos, surgiram também livros didáticos que procuram introduzir nova orientação teórica e metodológica no tratamento do tema da cidade, superando a visão funcionalista. Isso resultou na inclusão de novos temas: a relação campo-cidade, a produção do espaço urbano, a questão dos meios de uso coletivo, o uso do solo, o cotidiano da vida na cidade moderna, movimentos sociais, segregação e violência urbanas.

Em uma proposta curricular da Secretaria Municipal de Educação de Goiânia (Prefeitura Municipal de Goiânia 1998), o tema da cidade aparece como eixo temático central, "Cidade e cidadania", e não apenas de geografia. No interior da proposta, esse tema é contemplado em diferentes subtemas e nos conceitos que orientam a organização dos conteúdos.

Da mesma forma, a proposta curricular da Secretaria de Estado da Educação de Goiás (2009) para a escolarização do 1º ao 9º ano, vigente a partir de 2009, contempla os conteúdos referentes à cidade em diferentes temas e em diferentes anos. Para exemplificar, destaca-se um conteúdo do 6º ano: "Paisagem urbana e paisagem rural", com o objetivo de observar, ler, comparar e interpretar os espaços urbanos e rurais.

A orientação que se especifica neste capítulo é a de que se considere o tema da cidade um conteúdo que busca desenvolver comportamentos e atitudes em relação aos espaços, em especial aos espaços urbanos, além de favorecer a aquisição de informações e a formação de conceitos importantes no desenvolvimento espacial, como: paisagem urbana, urbanização, metropolização e rede urbana. Nesse sentido, é importante que a cidade seja vista como espaço educativo, lugar da "copresença". Sua estruturação se dá de tal modo, que ela educa seus habitantes e pode educá-los, por exemplo, para a vida solidária ou, ao contrário, para o isolamento e a segregação.

Na cidade, pelos movimentos urbanos, é possível a formação do sujeito coletivo. Segundo Carlos (1999, p. 89), o "contato com o outro implica a descoberta de modos de vida, problemas, perspectivas e projetos comuns. Por outro lado, produz junto com a identidade a consciência da desigualdade e das contradições, nas quais se funda a vida humana".

Nessa mesma linha de preocupação, o tema da cidade como conteúdo se refere a valores e atitudes:

> A ênfase pedagógica sobre a formação integral do estudante, colocando junto aos conteúdos de caráter cognitivo (o saber), também, e sobretudo, os comportamentais (saber fazer) e as atitudes

> e valores (o ser), conforme a perspectiva presente em Coll (1997), resulta na necessita de pensar/planejar essa temática de uma forma mais abrangente, ainda que tomando como foco o lugar. Não basta saber sobre a cidade e o urbano, mas impõe-se um envolvimento com o lugar, em atitudes de cooperação, respeito, participação e solidariedade. (Schaffer 1998, p. 107)

Ao lidar com os temas da cidade e do urbano como conteúdos educativos, o professor propicia aos alunos possibilidades de confronto entre as diferentes imagens de cidade, as cotidianas e as científicas, tal como se manifestam nas experiências e nos conhecimentos que trazem. Desse modo, é possível captar seu comportamento em relação à cidade, como deveriam se comportar ante ela; como a cidade se comporta com eles, como deveria se comportar; como é a relação dos gestores da cidade com a habitação dessas crianças e desses jovens, com os lugares onde se localiza essa habitação e com outros lugares, como os de lazer, trabalho, estudo, assistência médica; como é a relação de crianças e jovens com o ambiente urbano. É importante trabalhar com o objetivo de garantir o direito à cidade. A luta por esse direito é um exercício de cidadania.

O tema da *ética ambiental*, assim como o tema da cidade, deve ser visto, no contexto do raciocínio aqui desenvolvido, como conteúdo referente à formação de valores e convicções. Trata-se, portanto, de incluir na discussão de conteúdos referentes ao ensino de geografia a reflexão sobre os valores, comportamentos e convicções que têm orientado ou que podem orientar as práticas ambientais – que são ações individuais e sociais em relação à natureza e ao ambiente construído.

A noção de ambiente tem aqui um significado cultural, que supera a tendência dominante, que enfatiza apenas o meio físico e o confunde com os ecossistemas naturais. O ambiente é, diferentemente, o resultado da interação dos constituintes físicos e sociais. Trata-se, portanto, de uma leitura geográfica do ambiente, que envolve objetos e ações na moradia, nos espaços públicos de lazer, estudo, transporte, nas áreas de jardins, parques, nas áreas de rios, matas e florestas.

O objetivo, quando se propõe incluir esse tema como conteúdo da geografia, é construir com os alunos, em consonância com o movimento social, uma ética ambiental que oriente práticas democráticas, solidárias, respeitosas com a natureza e com o ambiente construído. O propósito é levar o aluno a entender a lógica que alimenta a intensificação dos problemas ambientais atuais e a uma atitude de responsabilidade para com esses problemas. Com isso, espera-se que seja possível o desenvolvimento nos alunos de uma atitude de agentes responsáveis pela construção de ambientes, mas não agentes genéricos, com igual responsabilidade nos resultados das ações, como se todos fossem iguais; ao contrário, trata-se de compreender que todos são atuantes, mas cada um tem seu modo e seu alcance de ação, com responsabilidades específicas nessa construção.

O ambiente é construído no jogo entre poderes, interesses e práticas da sociedade com a natureza e com os objetos materiais, em que, de um lado, estão aqueles dominantes, principalmente os econômicos e, de outro, aqueles que se expressam no cotidiano como resistência ou como reprodução de uma determinada ordem, mas sempre expressando valores, hábitos, comportamentos individuais e coletivos.

É por isso que a superação de determinados problemas ambientais depende, além das mudanças no modo de produzir a sociedade, das alterações de comportamentos sociais e culturais, o que implica mudanças nas percepções ambientais do cidadão.

Incluir o tema, vinculado a objetivos valorativos, visa permitir ao aluno trabalhar com suas diferentes concepções: o vivido, o percebido e o concebido. Trata-se, por exemplo, de lidar com as representações sociais dos alunos a respeito de elementos do ambiente mais "íntimo" em seu cotidiano, como a água, a terra, os alimentos, para levá-los a fazer ligações como: água-sobrevivência, água-bem-estar, água-ciclo da água, água-desmatamento, recursos hídricos-equilíbrio ambiental, água do cotidiano-água do planeta.

As orientações apontam para esse trabalho de "ir e vir" com as ideias dos alunos entre os conhecimentos mais empíricos e imediatos e os mais abrangentes, teóricos, buscando desenvolver uma mentalidade holística de ambiente, que integre e distinga práticas individuais e sociais, processos de pequena e grande escala, que compreenda a dinâmica dos elementos naturais e da própria natureza e sua relação com a dinâmica social, e que procure superar o dualismo (por exemplo, entre natureza e sociedade) e o maniqueísmo (por exemplo, homens bons não destroem a natureza, os maus, sim). Nessa visão:

> Meio ambiente passa a ser não apenas o espaço biológico das espécies animais e vegetais, mas, também, um aspecto fundamental nas relações antrópicas. Valoriza-se a utopia realista de um Meio Ambiente onde os espaços naturais e sociais vivem e convivem com as dimensões harmoniosas e conflitivas, ocupando o espaço da utopia idealista onde o aspecto conflitivo é excluído ou propositalmente ignorado. (Siqueira 1997, p. 13)

Esse autor chama a atenção para a importância da cultura televisiva na formação de uma mentalidade ambiental. De outra perspectiva, Coltrinari (1999, p. 40) também destaca a preocupação com as informações veiculadas nos meios de comunicação sobre os processos que mantêm o sistema da Terra em funcionamento. Na sua visão, há, nesses meios, informações imprecisas, generalizações inadequadas ou combinação de desinformação e ausência de senso crítico. Diante dessa situação, faz uma consideração que reforça o papel do ensino formal na educação ambiental:

> Não é fácil encontrar o ponto de equilíbrio que permita apreender a diversidade dos fatos e construir pontos de vista ao mesmo tempo corretos e de fácil transmissão. Fica a impressão de que, em algum ponto da pesquisa científica e da informação cotidiana, há um vazio em que deveria estar a ponte construída pelo ensino.

De fato, o tema da educação ambiental, no sentido da formação para a vida no ambiente, está cada vez mais presente nas formulações teóricas e nas indicações para o ensino de geografia. Esse fato é relevante para fazer frente aos inúmeros apelos da mídia em geral quanto ao tema e para aprofundar sua compreensão. Entre essas formulações, podem-se destacar algumas, a título de ilustração, do campo de preocupação dos geógrafos:

> A questão ambiental não deve ser vista como um discurso saudosista do tipo "antigamente o mundo era melhor porque era mais limpo e calmo". Devemos ver no desequilíbrio ambiental não só um desequilíbrio homem-natureza, mas, sobretudo, um desequilíbrio entre os seres humanos, isto é, nem todos saem perdendo com essa destruição dos recursos naturais. (Kaercher 1998, pp. 15-16)
>
> A superação de determinados problemas do cidadão com seu ambiente na cidade depende de uma alteração do processo de estruturação interna da cidade, mas, também, concomitantemente, depende de mudanças de comportamentos sociais e culturais, o que, por sua vez, depende de mudanças nas percepções ambientais desse cidadão, destacando-se mais uma vez os jovens e as crianças, levando à possibilidade de compreender, de ler, de visualizar, de sentir melhor e mais integralmente o lugar de sua vida cotidiana, o lugar (ou os lugares) de sua cidade. (Cavalcanti 1995, p. 21)
>
> Tal abordagem visa favorecer também a compreensão, por parte do aluno, de que ele próprio é parte integrante do ambiente e também agente ativo e passivo das transformações das paisagens terrestres. Contribui para a formação de uma consciência conservacionista e ambiental não somente em seus aspectos naturais, mas também culturais, econômicos e políticos. (Brasil 1998, p. 32)

Considero que essas ideias são orientações necessárias, mas não suficientes, ao cumprimento de tarefas que a escola e a geografia escolar têm atualmente, que visam à formação de indivíduos capacitados a viver em uma sociedade comunicacional, informatizada e globalizada. A escola e a geografia escolar precisam se empenhar para formar alunos com capacidade de pensar cientificamente e assumir atitudes éticas, dirigidas por valores humanos fundamentais, como justiça, solidariedade, reconhecimento da diferença, respeito à vida, ao ambiente, aos lugares, à cidade.

3
UM PROFISSIONAL CRÍTICO EM GEOGRAFIA: ELEMENTOS DA FORMAÇÃO INICIAL DO PROFESSOR*

O tema da formação profissional em geografia é complexo, polêmico e pode ser abordado de diferentes maneiras. Qualquer que seja o modo de abordagem escolhido, é um tema que, para ser pensado, deve levar em conta as transformações pelas quais o mundo tem passado, transformações essas que são econômicas, políticas, sociais, espaciais, éticas, que provocam alterações no que diz respeito ao mundo do trabalho e que afetam a formação profissional. Pensar nessa formação implica, portanto, considerar a sociedade contemporânea, marcada por essas transformações. Assim, esse é o contexto da formação do geógrafo, que é a formação do planejador, do pesquisador, do professor de ensino fundamental e médio, do professor universitário. De antemão, afirma-se que essas modalidades de formação não podem ser discutidas

---

* Este capítulo é uma versão atualizada e ampliada do texto publicado no livro *Geografia e práticas de ensino* (Alternativa, 2002), com o título "A formação crítica do profissional em geografia: Elementos para o debate".

separadamente, ainda que na prática se realizem ou se possam realizar em momentos e instâncias diferentes. Além disso, postula-se que a formação básica deve ser única para o licenciado e para o bacharel em geografia.

Neste capítulo, essa formação será abordada com base em dois tópicos: o debate atual sobre formação profissional em geral e de professores, em particular, os princípios gerais para uma formação profissional de qualidade, para o geógrafo professor, planejador, técnico e pesquisador.

O debate atual sobre a formação profissional e os elementos específicos da formação do professor

As transformações sociais, econômicas e culturais por que tem passado o mundo nos últimos anos afetaram de modo significativo a esfera do trabalho. Diante disso, discussões são feitas enfocando novos entendimentos da noção de trabalho e de sua dinâmica, bem como as exigências quanto à qualificação profissional. As noções mais clássicas de trabalho – a ambiental (como relação que o homem trava com o meio natural) e a econômica (como relação que os homens estabelecem entre si no âmbito da produção econômica) – estão em crise (Moreira 2000). Essa crise advém de uma metamorfose no processo produtivo, que tem deslocado sua centralidade da esfera da produção para a da circulação. Nesse contexto de revolução tecnológica, ocorre a flexibilidade dos processos de trabalho, dos mercados de trabalho, dos produtos e padrões de consumo. Há, ainda, o fato de que novos valores são agregados ao processo de produção, novos ramos de trabalho são considerados necessários, novas exigências se apresentam para o trabalho, seja na esfera da produção, seja na esfera da circulação.

Assim, as atividades profissionais têm sido ampliadas e se tornado mais complexas, para atender às necessidades da sociedade atual. Esse contexto incide sobre a formação dos geógrafos, que são chamados a desempenhar tarefas que vão além das mais tradicionais, como o planejamento, o mapeamento de recursos naturais, o zoneamento ecológico e o ensino. As novas atividades dizem respeito a ramos operacionais da geografia mais voltados para o mercado de trabalho atual, como os referentes ao planejamento, à gestão e à educação ambientais, aos estudos e relatórios de impactos ambientais, às atividades de geoprocessamento, aos estudos e consultorias técnicas em matéria de potencialidade e exploração turística.

Diante dessa ampliação da atuação profissional, a formação do geógrafo é pensada em torno da natureza de sua vinculação ao mercado de trabalho. De um lado, podem ser levantadas propostas que busquem adequar o conteúdo dessa formação mais diretamente às necessidades de mercado; de outro, propostas que se preocupam mais com a qualidade de uma formação abrangente, crítica, humanística, voltada às necessidades da sociedade (que incluem, mas subordinam as de mercado).

A postulação feita neste capítulo é a da segunda posição, por entender que a universidade, a formação em cursos superiores, tem um compromisso com a qualidade da formação, que implica a busca do saber inédito e de sua referência com o tradicional para a sociedade, sem atrelamento direto ao mercado (Ribeiro 1999; Rodrigues 1999; Santos 1999). Nessa posição, as propostas de formação do profissional da geografia se articulam com a compreensão de sua relevância social. Essa relevância está na possibilidade de pensar, fazer e ensinar com base em uma determinada maneira de analisar a realidade social total – valendo-se de sua dinâmica espacial –, para além das possibilidades circunstanciais de intervir tecnicamente no mercado, embora não se possa desconhecer uma vinculação necessária entre instituições de formação profissional e mercado de trabalho, também atendendo às expectativas dos alunos e da sociedade. O geógrafo, nesse contexto, é um profissional que tem um papel importante na sociedade, quando domina o conjunto de proposições teóricas e metodológicas de sua disciplina, quando detém as informações e os conhecimentos por ela produzidos e suas finalidades políticas e sociais, quando desenvolve capacidades técnicas de operar com esses conhecimentos.

Desse debate sobre formação profissional, destaco, a seguir, o que se refere a uma de suas modalidades, que é a de professor, por considerar que há nela elementos que são gerais para a formação do geógrafo.

A formação de professores

Há um intenso debate nas últimas décadas sobre políticas públicas referentes à formação de professores. Em relação a esse tema das políticas, há uma série de ações, de implementações de projetos, de encaminhamento e aprovação de leis, que tem afetado significativamente o mundo da educação brasileira. Dessas políticas, podem-se destacar as que se destinam especificamente à formação de professores, como desdobramentos da Lei de Diretrizes e Bases da Educação Nacional, que são as Diretrizes Curriculares Nacionais e a Resolução CNE/2002.

Pensando de uma perspectiva ampla e no contexto atual, percebe-se que as mudanças na área da educação e da formação profissional em geral, no mundo e no Brasil, têm respondido, de algum modo, às demandas da própria sociedade. Não se pode discordar de que há um consenso por parte da sociedade sobre a necessidade de se realizarem modificações na educação brasileira. O mundo contemporâneo exige, de fato, novas formas de preparação para viver e para trabalhar. Porém, há preocupações e questionamentos quanto a esse conjunto de políticas públicas; em primeiro lugar, quanto ao entendimento de que elas estejam priorizando as mudanças na educação para atender à política econômica, ou seja, de que as mudanças fazem parte de uma concepção geral de articulação entre educação e projeto econômico do país ou, mais diretamente, de que as mudanças buscam uma vinculação acentuada da formação profissional ao mercado de trabalho. Nessa linha, e para exemplificar, faz sentido a orientação comum do mundo empresarial e de planos de educação no âmbito de secretarias estaduais e municipais quanto ao incentivo financeiro (na forma de bônus) pelo alcance de metas de "produção", fazendo uma correlação inadequada entre cotas de venda de produtos e progressão de alunos nas escolas ou em exames bem-sucedidos desses alunos em avaliações externas. Em segundo lugar, essas preocupações dizem respeito à constatação das influências de reformas internacionais (na Espanha, França e Inglaterra, por exemplo) sobre esse conjunto de políticas e ao seu encaminhamento, no Brasil, sem a necessária discussão de seus fundamentos, de como devem ser realizadas as reformas e da incorporação e aprovação pelos professores, o que é necessário à sua implementação de fato.

Sobre esses dois aspectos, Lüdke *et al.* (1999, pp. 283-284) argumentam:

> Queremos reafirmar nossa percepção sobre o conjunto de propostas educacionais do BM como um discurso de economistas para ser implementado por educadores. A perspectiva do custo-benefício, a consideração das leis do mercado, a aproximação entre as imagens da escola e da empresa são traços comuns daquele discurso. Afinal, trata-se de um banco, um banco mundial, representante da racionalidade científica e da eficiência técnica (...) e a ausência dos professores na definição de políticas e programas (...) aparece dolorosamente evidente entre nós, refletindo-se na frase correntemente ouvida de professores, nos corredores das escolas, a cada vez que chega um "pacote" de reforma: "se vem de cima (dos órgãos centrais), eu nem quero saber!".

A literatura sobre essa temática, tanto a internacional quanto a nacional, é ampla, sendo possível verificar um amadurecimento teórico significativo sobre a constituição da prática profissional do professor, sobre seus limites e suas possibilidades diante da realidade contemporânea, sobre as relações entre teoria e prática na constituição dessa profissão, favorecendo a apresentação e o debate de diferentes propostas de formação. Porém, percebe-se nessa literatura uma acentuada prioridade para a formação de professores do ensino fundamental I (ou 1ª fase), formados nos cursos de pedagogia.

Assim, surge uma preocupação que diz respeito à pouca discussão nos cursos de licenciatura sobre as perspectivas de formação de professores de história, de geografia e das demais disciplinas específicas para atuar no ensino fundamental e médio, ou seja, há pouca discussão pedagógica para analisar projetos de formação feita pelo conjunto de professores especialistas de áreas específicas, também responsáveis pela profissionalização dos professores.

A impressão é de que, enquanto alguns fóruns têm discutido sistematicamente a formação profissional em geral e a de professores, tomando posições e elaborando análises, nos cursos de licenciatura de áreas específicas, como, por exemplo, geografia, a discussão sobre perfil profissional do professor, alcance e significado da formação pedagógica e sobre saberes docentes necessários a essa formação ainda é assistemática e concentrada nos grupos de professores de didáticas específicas e de estágio supervisionado. É verdade que há certa consciência, por parte das instituições formadoras, das deficiências do modelo mais convencional de formação de professores, mas parece predominar a ideia de que essa formação é de responsabilidade exclusiva dos especialistas em educação e dos pedagogos.

Outro aspecto a ser destacado diz respeito ao que acontece nos institutos de formação de profissionais especialistas nas diferentes áreas do currículo escolar. Pelo que se sabe, a maior parte dos cursos de geografia forma profissionais para atuar no ensino, mas, no imaginário dos professores que formam aqueles profissionais e dos alunos que eles formam, a perspectiva de formação é a do profissional pesquisador ou do planejador (mais próprio da modalidade de bacharelado). O que se observa é a mesma racionalidade fundamentando a formação dos profissionais, qualquer que seja sua modalidade. Conforme Pereira (1999, p. 113):

> É a racionalidade técnica que, igualmente, predomina nos programas de preparação de professores, apesar de essas instituições oferecerem, na maioria das vezes, apenas a licenciatura e, conseqüentemente, de a formação docente ser realizada desde o primeiro ano. Trata-se de uma licenciatura inspirada em um curso de bacharelado, em que o ensino do conteúdo específico prevalece sobre o pedagógico e a formação prática assume, por sua vez, um papel secundário.

No que diz respeito especificamente à formação em geografia, essa ideia é reforçada por Pinheiro (2006, p. 93), quando afirma que se costuma acreditar que o bacharelado tem *status* superior à licenciatura, por formar o geógrafo pesquisador, ao passo que a segunda forma apenas o professor, cuja função se restringe à transmissão dos conteúdos resultantes do trabalho realizado por pesquisadores.

Na estrutura mais próxima dessa racionalidade, o professor, o planejador e o pesquisador são técnicos que aplicam rigorosamente os conhecimentos científicos assimilados em sua formação. Ainda segundo Pereira (1999, p. 113):

> As principais críticas a esse modelo são a separação entre teoria e prática na preparação profissional, a prioridade dada à formação teórica em detrimento da formação prática e a concepção da prática como mero espaço de aplicação de conhecimentos teóricos, sem um estatuto epistemológico próprio. Um outro equívoco desse modelo consiste em acreditar que para ser bom professor basta o domínio da área do conhecimento específico que se vai ensinar.

Cabe questionar, após as mudanças nas estruturas dos cursos de licenciatura dos últimos dez anos, sobretudo no que diz respeito ao lugar dos estágios nos cursos,[1] se nos currículos praticados é possível perceber alterações significativas nos modos de encaminhar a formação do aluno, tendo em vista a inserção das práticas profissionais nas atividades formativas e a valorização da modalidade de licenciatura como eixo integrador do curso.

Além da legislação enfocada anteriormente, podem-se considerar também as Diretrizes Curriculares Nacionais para essa formação, apresentada pelo Ministério de Educação e Cultura (Parecer CNE/CES 492, abril de 2001), como proposta de estabelecer parâmetros mínimos para a formação desse profissional, que tem orientado, nos últimos anos, a formulação de projetos de cursos de graduação em geografia. Nessas diretrizes, são apresentados o perfil e as competências básicas para o profissional de geografia, estabelecendo que o formando terá de:

---

1. A respeito dessas mudanças, alguns elementos de análise estão desenvolvidos no Capítulo 1 deste livro.

> Compreender os elementos e processos concernentes ao meio natural e ao construído, com base nos fundamentos filosóficos, teóricos e metodológicos da Geografia. Dominar e aprimorar as abordagens científicas pertinentes ao processo de produção e aplicação do conhecimento geográfico. (Brasil 2001)

Para atingir esse perfil, considera-se um conjunto de competências e habilidades gerais e específicas do profissional da geografia, tendo como eixos o método de análise geográfica, o conhecimento e a análise da história da geografia, os avanços tecnológicos e os avanços da análise geográfica, em suas diferentes especialidades. Essas diretrizes estão articuladas a um principio mais geral da formação, o da formação básica comum para o geógrafo (bacharel e professor).

Há dificuldades para encaminhar essa questão, e, talvez em razão disso, as tentativas de reformulação do modelo de formação fiquem ainda tímidas. Em alguns institutos, estão sendo experimentadas práticas alternativas, acompanhando as normas vigentes, mas há ainda cursos que se estruturam sobre a concepção de separação entre teoria e prática, como nos moldes do chamado 3 + 1,[2] mesmo que se altere a composição para um possível 2 + 2.[3] Enquanto houver a defesa da formação básica única para as diferentes modalidades de formação do geógrafo – bacharel ou licenciado –, haverá professores que entendem e defendem que a licenciatura pode ser dada de modo mais "ligeiro", sem o mesmo aprofundamento teórico do bacharelado ou, ainda, será possível encontrar resistência ou descontentamento de professores de

---

2. O "modelo 3 + 1" é um tipo de formação muito convencional nas diferentes estruturas curriculares, que separa a formação dita básica, de conteúdo, trabalhada em três anos, e a formação pedagógica, para a licenciatura, e a de planejamento e pesquisa, para o bacharelado, trabalhada em um ano, geralmente no final do curso.
3. Pode-se falar em "modelo 2 + 2" para os cursos que se orientam pelas normas vigentes, iniciando as disciplinas de estágio a partir da segunda metade do curso, mas, por não haver uma alteração na concepção da formação, integrando as disciplinas profissionais com as disciplinas de conteúdo teórico, acabam fazendo a separação entre uma "metade" do curso e a outra.

"conteúdo" do curso que necessitam "ceder" espaço das disciplinas da geografia para as disciplinas pedagógicas, por entenderem que estas não são tão relevantes para a formação, pois, para ser professor, basta conhecer a matéria que se vai ensinar.

Tenho firmado a posição de que os cursos de graduação em geografia devem formar, ao mesmo tempo, o bacharel e o licenciado. Considero que o que faz a diferença entre esses profissionais é a prática a ser delineada pelo formando, aliada a um currículo que contemple, nos espaços de certa flexibilidade, um conjunto de disciplinas e atividades coerentes com habilidades e competências requeridas. Ou seja, o formando deve ter em sua formação, desde o início e ao longo do curso, a construção de uma competência teórico-prática para trabalhar com a geografia em suas várias modalidades, ficando aberta uma parte dessa formação para que ele faça opções por verticalizar uma ou outra modalidade profissional. Além do mais, a definição por uma ou por outra vai ocorrendo de fato ao longo do exercício profissional e na pós-graduação. Sobre isso, argumenta Kaercher (2000, p. 80):

> Tanto o bacharel quanto o licenciado deveriam ter a mesma formação básica, no sentido de conhecer o que seja a epistemologia da ciência, de ter os referenciais teóricos fundamentais que permitem decodificar a análise dos espaços concretos e fazer as escolhas metodológicas capazes de dar conta de interpretar a realidade da sociedade em que vivemos a partir da análise espacial, quer dizer, com um olhar espacial. Especificamente o técnico deveria ter a capacidade de dar conta de fazer análises e relatórios técnicos, e o licenciado, de saber como desencadear a aprendizagem nos alunos da escola básica. E esta especialização na formação poderia acontecer através das práticas e estágios propostos no currículo.

Outros elementos da argumentação são assim expostos por Callai (1999, pp. 19-20):

> Essa formação (a do geógrafo) deve ocorrer contemplando duas perspectivas que são fundamentais para um profissional e que, como

tais, não se colocam hierarquicamente, nem como mais ou menos importante do que a outra. A função técnica e a função social são aspectos constitutivos da formação e se uma requer a fundamentação teórica e a prática no exercício das atividades, com o domínio das técnicas (de pesquisa, do planejamento territorial e da docência), a outra é a base da argumentação, traduzida na relação dialógica, que vai dar a sustentação ao encaminhamento do trabalho. Logo, não há sentido em uma dicotomização entre o bacharel e o licenciado (...). Um geógrafo passa, necessariamente, em sua formação (...), por ter de adquirir uma formação geral referente ao conhecimento acumulado pela humanidade, uma qualificação técnica decorrente do aparato específico do "fazer geográfico" e por uma dimensão pedagógica que lhe oportunizará a capacidade de exercer a função social. Essa dimensão pedagógica não se resume a disciplinas pedagógicas necessárias à habilitação do professor, mas é a capacidade de se perceber, se reconhecer como educador no interior de um processo de trabalho em que estão envolvidas pessoas e que, em última análise, é a elas, quer dizer, à sociedade, que se destina o produto do trabalho.

Para a compreensão dessa dimensão pedagógica da atuação do profissional em geografia, que supera a restrita atuação em sala de aula, é útil a contribuição de Libâneo (2001, pp. 3-4), para quem tal dimensão está impregnada em muitas práticas profissionais, práticas que não são do ensino formal, mas educativas:

> A pedagogia é a reflexão sistemática sobre os objetivos e os modos de realizar as práticas educativas, implicando vários agentes, sob várias modalidades e em vários lugares sociais. Além dos agentes educativos convencionais – a família, a escola –, tem-se uma multiplicidade de outros agentes como os meios de comunicação, as instituições sociais, culturais, recreativas, os grupos sociais organizados, inclusive a cidade e os equipamentos urbanos, que atuam em vários lugares (...). A pedagogia expressa finalidades sociopolíticas, ou seja, uma direção explícita da ação educativa relacionada com um projeto de gestão social e política da sociedade. Então, dizer do caráter pedagógico das práticas educativas é dizer que a pedagogia (...) refere-se, explicitamente, a objetivos éticos e a projetos políticos de gestão social.

Nesse sentido, pode-se entender que a prática do geógrafo, no planejamento, nas consultorias técnicas e na pesquisa (e não apenas nas atividades de ensino escolar), é uma prática educativa, uma prática com dimensão pedagógica, porque tem finalidades, está ligada a projetos políticos, tem pretensões de intervenção na sociedade, nos seus modos de agir, nos valores, nos comportamentos, nas atitudes sociais com relação ao espaço geográfico. É assim que se podem entender os saberes ligados aos modos de agir, fazer, pensar sobre a realidade do ponto de vista da geografia, como saberes que requerem a reflexão sobre as finalidades desse campo disciplinar, sobre as possibilidades históricas de contribuição social desses saberes, o que passa pela compreensão do modo de pensar peculiar a esse campo.

A proposta aqui defendida, de formação básica única para as diferentes modalidades da profissão do geógrafo, é polêmica e pode ter, certamente, contra-argumentos. De todo modo, a legitimidade de diferentes propostas de formação, tendo em conta que não há unicidade nessa área, aponta como atitude adequada nas práticas formativas a discussão sobre essas propostas, com base em seus fundamentos teórico-metodológicos.

Esclarece a concepção aqui adotada pensar em práticas profissionais específicas. Por exemplo, o geógrafo que se integra a uma equipe de planejamento urbano ou ambiental tem como tarefa explicar à comunidade de uma área a sofrer intervenção urbanística sua proposta de atuação, convencendo, argumentando e ouvindo da comunidade argumentos e demandas que lhe competem. Nessas oportunidades, esse profissional se orienta por saberes referentes a um projeto de espaço urbano ou de ambiente urbano, a uma ética urbana ou ambiental, e faz uso de seus conhecimentos técnicos sobre o espaço urbano para debater, mediar os conhecimentos dos que estão diretamente envolvidos, no sentido de demonstrar a justeza de sua proposta para a maioria. Sem adesão da comunidade envolvida, sobretudo em propostas de planejamento de cunho democrático e participativo, as possibilidades de funcionamento das intervenções serão menores. Ao agir dessa maneira, o geógrafo desempenha um importante papel na configuração dos espaços, com base em saberes técnicos, mas sobretudo em princípios de justiça social e ética profissional. Essa é uma dimensão pedagógica do seu trabalho.

Assim, é importante pensar em projetos de formação que permitam que o profissional domine criticamente a geografia e também a reflexão de suas finalidades sociopolíticas e o modo peculiar de constituição desse campo. Esses modos de pensar e de fazer geográficos resultam da definição histórica de um objeto – o espaço geográfico –, de métodos e de conceitos-chave para a construção da disciplina geográfica. Se a geografia é um ponto de vista da realidade, se é uma leitura de uma realidade, se é um modo de intervenção e de produção na espacialidade, a compreensão do sujeito que produz geografia (o geógrafo), a compreensão de suas ações, de como podem ser essas ações, quando vinculadas a um determinado projeto social, em sua tradição disciplinar e na sociedade contemporânea, é parte da construção desse ponto de vista. Esse raciocínio faz com que o conhecimento geográfico seja não só uma empresa científica, mas também uma empresa cultural:

> O ponto de vista do geógrafo quer observar, raciocinar, sentir e imaginar; quer ser ao mesmo tempo – inseparavelmente – uma perspectiva científica e intelectual, ética e estética. A vontade de unidade – de conexão analógica e metafórica – do sujeito que conhece é a que cimenta também esse projeto integrador. (Cantero 1988, p. 63)

Para a atuação profissional, com essas características que, segundo se entende, são exigidas na atualidade, já não se podem adiar importantes modificações nos currículos e nas metodologias de formação inicial em geografia. Os cursos universitários precisam assumir a formação profissional em todas as modalidades desde o início do curso, não se admitindo soluções simplistas de reforma de "grade" curricular, de acréscimo de conteúdo. No meu entender, é preciso inicialmente superar a visão comum entre professores formadores de profissionais de geografia de que a qualidade da formação está assentada na quantidade e na atualidade dos conteúdos veiculados, cuja reprodução se cobra do aluno. A atuação profissional, conforme está sendo discutida, exige uma formação que dê conta da construção e da reconstrução dos conhecimentos geográficos fundamentais e de seu significado social. Assim, não basta ao professor ter domínio da matéria (principalmente se o entendimento desse domínio não estiver pressupondo um quadro de referência sobre esse modo de analisar a realidade), é necessário tomar posições sobre as finalidades sociais da geografia escolar numa determinada proposta de trabalho, é preciso que o professor saiba pensar criticamente a realidade social e se colocar como sujeito transformador dessa realidade. Da mesma forma, não basta ao bacharel o domínio do conteúdo e de métodos e técnicas da pesquisa e do planejamento. É necessário que ele tenha convicção de qual é o papel que sua atividade profissional desempenha diante de um projeto de sociedade em construção. É preciso que ele tenha condições de refletir com fundamento sobre princípios éticos e projetos político-sociais ligados à sua intervenção na realidade, seja na pesquisa, seja no planejamento ou em modalidade de atuação.

Para a formação nesses termos, a estrutura dos cursos deve atender a essas finalidades formativas, tendo como princípio a práxis, e não a separação dicotômica entre disciplinas de conteúdo e disciplinas pedagógicas, entre as formações de bacharelado e de licenciatura, a desarticulação entre a formação acadêmica e a realidade em que os alunos vão atuar.

As ponderações anteriores levam a tomar como ponto de partida a mudança de foco na prática de formação, desafiando o cotidiano dos cursos com base no que tenho chamado de princípio da problematização da geografia escolar.

A geografia escolar é o conhecimento construído pelos professores da área a respeito dessa matéria de ensino e se constitui no fundamento principal para a formulação de seu trabalho docente. São suas referências mais diretas, de um lado, os conhecimentos geográficos acadêmicos (geografia acadêmica e didática da geografia) e, de outro, a própria geografia escolar já constituída. Sabe-se que a geografia que se ensina nas escolas de educação básica, ou seja, a geografia escolar, não é a mesma que se ensina e que se investiga na universidade. São duas referências distintas, portanto, para o professor na tarefa de tomar decisões sobre seu trabalho, são distintas e relacionadas, mas a relação entre elas não é de identidade.

A consciência da especificidade das "geografias" acadêmica e escolar e de suas relações contribui para que o professor não se angustie por não "aplicar" seus conhecimentos acadêmicos na prática docente, percebendo-se como parte desse conjunto de "realizadores" da geografia escolar, assumindo nele uma posição de sujeito com relativa autonomia e acentuado senso crítico. A geografia escolar tem uma especificidade, que advém em parte dos conhecimentos acadêmicos, em parte do movimento autônomo dos processos e das práticas escolares e em parte das indicações formuladas em outras instâncias, como as diretrizes curriculares e os livros didáticos.

Para a composição da geografia escolar, o professor dispõe de: experiência pessoal com a aprendizagem desse conteúdo; experiências anteriores de ensino desse conteúdo; conhecimentos científicos sobre esses conteúdos em sua formação inicial e contínua; livros didáticos e outros materiais de indicação de conteúdos; experiências e materiais didáticos produzidos por colegas; estrutura de funcionamento e de encaminhamentos de formas de trabalho com o conteúdo de ensino na escola em que trabalha. Dispondo de tudo isso, o professor articula essas referências e decide fazer um determinado tipo de trabalho com o conteúdo. Essa síntese de saberes que orienta seu trabalho na articulação de conteúdos, objetivos e métodos de uma determinada unidade temática está sendo aqui chamada de conhecimento sobre geografia escolar.

A construção de uma compreensão desse processo ao longo da formação inicial é relevante para que o professor forme convicções sobre que geografia vai ensinar. Além desse eixo articulador dos projetos, outros princípios podem ser também referências gerais.

Princípios de uma formação profissional crítica

Neste capítulo, considera-se que a formação do geógrafo pode ser analisada com base na discussão da formação de uma de suas atuações – a atividade de professor – e que os princípios que hoje estão postos para o trabalho do professor podem ser tomados como princípios válidos para a formação geral do profissional em geografia.

Há uma extensa bibliografia dos últimos anos, conforme já mencionado, que expõe a problemática atual da formação de professores, ressaltando alguns princípios dessa formação. Entre os autores e obras que tratam dessa questão, podem ser destacados: Libâneo (2000, 2002, 2004b), Pimenta (1997, 2002), Nóvoa (1995, 1999), Guimarães (2004), Souza (2006) e Monteiro (2000). Há também, no campo da geografia, várias contribuições nessa problemática, como as de Braga (2000), Rocha (2000), Callai (1999), Carlos e Oliveira (1999).

Os temas recorrentes na leitura dessa bibliografia permitem destacar aspectos que podem ser, ao mesmo tempo, tomados como princípios atuais de uma formação profissional em geografia.

Formação contínua e autoformação

Os problemas no setor educacional da sociedade brasileira são levantados pela maior parte dos teóricos da área. Apesar de divergências quanto à compreensão e à interpretação do que sejam esses problemas, há um destaque comum, que é a referência ao professor e sua formação. É certo que não se pode atribuir a culpa dos problemas referentes às práticas educativas ao professor, uma vez que ele e sua formação são parte integrante delas. O que parece nortear muitas análises e proposições sobre práticas educativas alternativas é o investimento na formação inicial e continuada dos profissionais, encarando-as como elementos de um sistema maior. Trata-se de uma estratégia eficaz para atuar em todo o sistema.

Tem-se assim que, para enfrentar os desafios postos atualmente na educação escolar, é necessária uma formação profissional consistente, que propicie ao professor segurança para tratar os temas disciplinares, analisar a sociedade contemporânea, suas contradições e suas transformações, para compreender o processo histórico de construção do conhecimento, seus avanços e seus limites, e para ter sensibilidade para compreender o mundo do aluno, sua subjetividade e suas linguagens.

O professor tem importantes tarefas a cumprir, e sua formação deveria estar voltada para isso. Alguns aspectos dessa formação têm sido ressaltados (Nóvoa 1995; Pimenta 1997; Libâneo 1998): a formação como processo de autoformação; a necessidade de formação contínua; a formação crítico-reflexiva; a construção da identidade.

É lugar-comum dizer que o professor necessita de formação contínua, o que vale para qualquer profissão. O exercício competente e compromissado do magistério exige, realmente, uma constante formação teórico-prática, uma formação do professor como profissional crítico-reflexivo, voltada para o exercício da interdependência entre ação e reflexão na prática de ensino. Há vários entendimentos dessa proposta de formação. Alguns valorizam o conhecimento prático, outros buscam uma articulação efetiva entre teoria e prática nos processos formativos e na atuação. O professor crítico-reflexivo é, dessa forma, aquele profissional que tem competência para pensar sua prática com qualidade, crítica e autonomia, tendo como base referenciais teóricos.

A formação de professores de geografia pode se pautar por essa concepção de profissional, entendida como aberta à possibilidade de discussão sobre o papel da educação em suas várias dimensões, para a construção da sociedade e para a definição do papel da geografia na formação geral do cidadão. As respostas a essa questão não são únicas (é bom que não o sejam), e é necessário que o professor esteja aberto para se inteirar das diferentes posições com maturidade intelectual e com compromisso social para adotar conscientemente uma delas. Na formação inicial, nos cursos universitários, considero necessário que seja garantido aos alunos o direito de conhecer as diferentes concepções sobre a ciência geográfica, de participar da reflexão sobre o papel pedagógico da geografia, para que compreendam que a presença da geografia na escola não é neutra nem gratuita; ao contrário, ela deve estar presente na escola com propósitos políticos e pedagógicos bem-definidos e conscientes.

Outro elemento que tem sido considerado importante na formação do professor é o da construção da identidade profissional. Conforme destaca

Pimenta (1997), essa identidade se constrói pelo significado que cada professor confere à atividade docente no seu cotidiano, com base em seus valores, seu modo de se situar no mundo, sua história de vida, seus saberes e suas representações. É essa identidade profissional que ajuda o professor a delinear suas ações, a fazer escolhas, a tomar decisões, assumir posições, a se definir por determinados comportamentos e estratégias de pensamento no exercício de sua profissão. Ainda segundo Pimenta, na construção dessa identidade, há três tipos de saberes a serem considerados: a experiência, o conhecimento específico da matéria e os saberes pedagógicos.

Os saberes da experiência são aqueles que os alunos já possuem na sua experiência cotidiana sobre a atividade profissional para a qual estão se formando. Ela lhes possibilita formar ao longo da vida, na participação em diferentes espaços sociais, ideias sobre a competência profissional, sobre ética da/na profissão, sobre o compromisso social da atividade em foco, além de saberes a respeito do conteúdo de sua área. O conhecimento da matéria se refere aos saberes que os alunos possuem sobre o campo em que estão se especializando. Nesse aspecto, é importante a aquisição tanto de conhecimentos geográficos, por exemplo, quanto de informações e conhecimentos sobre as relações entre estes e a estrutura de poder da sociedade. Também é importante que o professor saiba o papel desse conhecimento no mundo social e do trabalho, a diferença entre informação e conhecimento, que conheça as condições atuais de atuação profissional na sua especialidade. Os saberes pedagógicos são aqueles construídos no processo de reflexão sobre a prática de profissionais da educação, tendo como base saberes sobre educação, pedagogia e didática.

Indissociabilidade entre pesquisa e ensino

Esse princípio teórico-metodológico tem sido apresentado para orientar práticas de ensino, destacando-se aquelas voltadas para os níveis fundamental e médio. Neste capítulo, ele é tomado como princípio norteador da formação do profissional em geografia, a ser considerado por professores formadores, no desenvolvimento de seu trabalho docente, na discussão do projeto político-pedagógico de um curso.

A ideia básica é considerar o ensino um processo de conhecimento pelo aluno, dando ênfase a atividades que possibilitem essa construção, passando de uma visão de ensino como mera reprodução da matéria para outra: ajuda pedagógica aos alunos, para que aprendam a pensar com autonomia e a construir novas e mais ricas compreensões do mundo, que lhes possibilitem uma intervenção profissional mais eficaz no sentido de resolver problemas sociais contemporâneos. O trabalho docente orientado por esse princípio exige do professor um novo paradigma do ensinar e do aprender, exige considerar a formação como lugar para a dúvida, para a análise, lugar da problematização do conhecimento.

O trabalho de formação profissional é o de formar sujeitos pensantes e críticos, ou seja, cidadãos que desenvolvam competências e habilidades do modo de pensar geográfico: internalizar os métodos e procedimentos de captar a realidade, ter uma consciência da espacialidade das coisas e dos fenômenos.

Esse entendimento leva, então, a postular a necessidade de articular ensino com pesquisa (que é construção de conhecimento). Está subjacente a essa discussão o entendimento de que a pesquisa pode ser vista como procedimento de ensino, que tanto vale para o ensino fundamental e médio, que promovem a formação geral dos alunos, quanto para os cursos de nível superior, que formam profissionais. Relacionam-se, assim, orientações da didática, nesse caso do ensino superior, a elementos de ordem epistemológica. Também está implícita a concepção de pesquisa como atitude no ensino, como princípio educativo, como princípio cognitivo. Trata-se de uma atitude de indagação sistemática e planejada, uma autocrítica, um questionamento crítico constante.

Entender o ensino como construção de conhecimento do aluno, com a mediação do professor, leva a defender a necessidade de ter a pesquisa como princípio formativo do profissional de geografia, o professor e o bacharel, seja pela necessidade de sua própria formação, seja pela necessidade de intervenção na formação de outros. Em sua formação inicial e continuada, o profissional em geografia necessita conhecer a produção de conhecimentos em sua área, conhecer e participar de práticas de pesquisa em seu campo de conhecimento, realizar pesquisas em diferentes níveis. Essa atitude de pesquisador pode munir o profissional da competência necessária a um exercício profissional com a qualidade que hoje se impõe.

Há vários níveis de pesquisa utilizados na prática de ensino, desde a pesquisa comumente utilizada, do tipo de um estudo dirigido, em que o professor define um conteúdo a ser "pesquisado" em casa e o aluno busca reproduzir o material encontrado, até a pesquisa propriamente dita, em que o aluno toma caminhos mais autônomos em relação ao que o professor orienta, rumo à construção de novos conhecimentos. Neste último nível, o sujeito é tocado por um problema real que quer resolver, para o qual quer buscar respostas, o qual quer compreender melhor.

Para serem trabalhados com pesquisa, os conteúdos necessitam ser problematizados de maneira que se tornem um problema de todo o grupo envolvido. Para tratar conteúdos com nível de pesquisa mais construtiva, é importante que os temas mais amplos sejam abordados na sua manifestação no espaço vivido pelos alunos. Por exemplo, temas como a migração, a violência urbana, o comprometimento dos recursos hídricos podem ser analisados de modo abrangente e investigados pelos alunos na sua manifestação empírica local. Nessa investigação geográfica, eles desenvolvem, por exemplo, a capacidade de observação, de localização, de coleta e sistematização de dados do objeto. Desenvolvem também a capacidade de analisá-lo com base nas referências teóricas disponíveis. Desenvolvem, ainda, a compreensão da espacialidade vivida e da relação dessa espacialidade com a geografia que estudam, possibilitando, assim, maior aproximação com o cotidiano.

Integração teoria e prática

Esse princípio diz respeito à necessidade de articular o saber com as práticas sociais, articular o saber geográfico com sua significação social. Isso implica que os agentes envolvidos devam estar, durante toda a formação, voltados para a necessidade e as possibilidades de utilizar (e de trabalhar) aquele conhecimento construído.

Postular a integração entre teoria e prática leva à eliminação de propostas de organização curricular que separem disciplinas de conteúdos tidos como básicos daquelas mais voltadas para uma prática profissional, de bacharel ou de licenciado, como as que se organizam com base no chamado esquema 3 + 1, conforme já se disse anteriormente. Por trás dele, está a concepção, por exemplo, de que o licenciado, na visão de Menezes (*apud* Pereira 1999), é um meio-bacharel com tinturas de pedagogia. Atualmente, essa fórmula ainda não está totalmente abandonada. Ela demonstra bem o entendimento de uma formação que separa teoria e prática, como se as disciplinas de conteúdo fossem as teóricas e as pedagógicas ou de ensino, aquelas voltadas para a prática (e prática no entendimento que se restringe ao fazer, sem reflexão, sem criação, sem investigação). Essa separação também pode ser verificada ao longo dos cursos (graduação e pós-graduação), na abordagem dos conteúdos no "interior" de cada disciplina.

O que se defende com esse princípio é a formação do professor como práxis, como formação voltada à atividade profissional teórico-prática, que requer reflexão teórica para a tomada de decisões nas tarefas cotidianas.

Formação e profissionalização críticas

O que quero destacar nesse princípio é a necessidade de investir na formação geral e básica dos profissionais e, ao mesmo tempo, levar em consideração as questões atuais, emergenciais, que podem exigir determinadas competências.

Não se trata de organizar cursos de formação atrelados ao mercado de trabalho. Mas não se pode trabalhar nos cursos sem ter em mente as necessidades, as demandas da prática profissional, a carreira e as condições do exercício da profissão. A formação acadêmica não pode estar desarticulada da realidade prática. No caso do profissional do magistério, é comum a pouca integração entre os sistemas que formam os docentes, as universidades, e os que os absorvem, as redes de ensino básico.

Recomenda-se que a formação, seguindo esse princípio, seja pensada e executada com base em uma concepção de objetivos educacionais, ultrapassando as demandas de mercado, que visam à preparação para o exercício do trabalho, para a prática da cidadania e para a vida cultural. Nesse sentido, é importante que se estabeleçam parcerias que permitam trabalhos sistemáticos de integração de instituições formadoras com as escolas, com os órgãos reguladores da carreira de magistério, com os movimentos de profissionais que explicitam os problemas e os desafios da profissão.

Conhecimento integrado e interdisciplinar

A interdisciplinaridade é hoje um princípio importante para processos formativos em geral e se impõe como uma resposta aos limites da formação fundamentada em saberes mecanicamente parcelados, que dificultam a compreensão e a explicação da realidade em sua complexidade.

Esse princípio implica excluir práticas de ensino com conteúdos fragmentados e mecanicamente justapostos. Há muitas maneiras de tentar romper a organização fragmentada de currículos, o ensino de matérias isoladas e descoladas umas das outras. O processo de formação, como se defende, requer considerar práticas interdisciplinares no ensino, o que inclui diálogo entre os alunos e o professor no tratamento dos objetos estudados. Implica a consideração de que o objeto é interdisciplinar, implica também a integração efetiva das disciplinas trabalhadas com determinado grupo de alunos e, ainda, a transversalidade de certos temas de ensino e a construção de um projeto político-pedagógico do curso.

Porém, considerar esse princípio da interdisciplinaridade nos projetos político-pedagógicos de cursos de geografia exige mais do que praticar essa integração de disciplinas. Trata-se de adotar uma postura interdisciplinar diante do conhecimento científico, diante do objeto a ser estudado, diante, nesse caso particular, da produção científica geográfica. Como já foi mencionado anteriormente, isso significa, além dos aspectos gerais da interdisciplinaridade, considerar a geografia um enfoque, um ponto de vista da realidade, uma leitura dessa realidade – a leitura do ponto de vista da espacialidade. Significa considerar que, além da leitura geográfica, há outras, científicas e não científicas, e que é preciso dialogar com elas. Conforme Santos (1999, p. 5):

> Trata-se, também, na produção da educação, de evitar uma informação parcializada, instrumental, pragmática e de tentar uma organização da informação que busque uma finalidade ética. Cada gesto, cada palavra, dentro de uma casa de ensino, têm de ser precedidos de uma indagação da sua finalidade. Não é a informação em si que é importante, mas a sua organização face a uma finalidade. É preciso esquecer esse elogio isolado às coisas, ainda que pareçam inteligentes, e buscar a inteligência das coisas mediante a solidariedade. Para isso não basta reunir especialistas de diversas disciplinas em torno de uma mesa e proclamar, assim, a interdisciplinaridade. (...). A idéia da solidariedade contida na interdisciplinaridade não se faz a partir das disciplinas (...) mas a partir das metadisciplinas (...) se obtém um trabalho comum em torno de um objeto.

Baseada nessas reflexões, considero tarefas imprescindíveis para o avanço das propostas e das práticas da formação em geografia os seguintes encaminhamentos:

- promover a discussão coletiva, em institutos e departamentos, sobre as políticas para a formação do profissional em geografia, bem como tomar posições, encaminhar propostas e defendê-las;
- discutir na universidade, com as faculdades de educação, como encaminhar propostas de formação;
- elaborar projetos político-pedagógicos para os cursos de formação profissional, tendo como preocupação, mais que a discussão de disciplinas e carga horária, princípios pedagógicos gerais, como os apresentados.

Quando faço essa sugestão, não estou entendendo que a adoção de concepções político-pedagógicas para fundamentar um projeto de formação profissional seja o bastante para garantir que as mudanças ocorram; se assim fosse, as propostas pedagógicas que foram adotadas ao longo deste início do século XXI teriam resultado em mudanças mais radicais das práticas, eliminando, por exemplo, algumas práticas convencionais, como a aula baseada na oralidade, o ensino pela memorização e centrado no trabalho de transmissão do professor. Há outras referências para a construção das práticas de formação ao longo da história, como a cultura da escola e as representações dos professores e dos próprios alunos. Mas, se a discussão e a construção de projetos coletivos de formação não garantem resultados, sem elas a dificuldade em consegui-los é maior. Uma discussão sistemática e um aprofundamento teórico em questões que envolvam a formação em nível superior e seus processos educativos, de um modo geral, podem auxiliar a estabelecer diferenças entre os discursos que circulam e justificam as políticas públicas para a educação. Essa discussão e esse aprofundamento permitiriam argumentar contra e resistir às equivalências como as estabelecidas entre qualidade de ensino e qualidade total; entre construção de currículo flexível e formação flexível e polivalente; formação contínua e reflexiva e formação prática, formação na prática. As discussões nos institutos e a construção de projetos de curso são condições necessárias, embora não suficientes, para a conscientização da problemática da atividade profissional e para a reconstrução de nossas representações sobre ensino, formação, docência e pesquisa. Essa reconstrução, por sua vez, é base para provocar alterações mais significativas na formação profissional, muito mais do que apenas reformas curriculares oficiais.

Com efeito, a consideração desses princípios e das normas da formação, com as discussões decorrentes, tem levado a mudanças importantes nos cursos de formação, como, por exemplo, no que diz respeito ao momento de introduzir nos cursos os estágios supervisionados e as disciplinas referentes à didática. O objetivo, ao estabelecer que as disciplinas ligadas à prática sejam iniciadas na segunda metade do curso, tem a ver com uma concepção de integração das disciplinas teóricas com as disciplinas práticas. Essa é uma estrutura que corresponde ao que está sendo defendido aqui, porém, ela não é suficiente, pois, mais importante que isso, é mudar as práticas. Nesse sentido, a discussão sobre mudanças efetivas nas práticas devem ter como ponto de partida os princípios da formação.

# 4
GEOGRAFIA ESCOLAR, FORMAÇÃO CONTÍNUA E TRABALHO DOCENTE*

O tema deste capítulo sugere o destaque de alguns elementos da formação do professor de geografia: o caráter contínuo dessa formação, a integração entre teoria e prática profissional, a escola como espaço de formação profissional, a articulação entre as instituições formadoras do professor e as escolas. Com o intuito de argumentar a favor desses elementos, são apresentados entendimentos quanto aos princípios orientadores do exercício da profissão, que sejam consistentes para dar autoria ao trabalho docente, ao problematizar a geografia escolar no momento da formação inicial e ao garantir a reflexão sobre a teoria geográfica e seus fundamentos nos espaços de atuação profissional cotidiana. Nessas duas instâncias formativas – os cursos de licenciatura

---

* Este capítulo tem por base uma apresentação em mesa-redonda no Encontro Nacional de Ensino de Geografia – Fala Professor – 2007 e a publicação do artigo "Formação inicial e continuada em geografia: Trabalho pedagógico, metodologias e (re)construção do conhecimento" (Zanatta e Souza 2008).

e a escola –, o professor é autor de seu projeto profissional, sujeito que constrói seu trabalho fundado nas experiências, nos conhecimentos e nas concepções que adquiriu ao longo de sua trajetória sobre a educação escolar diante do desenvolvimento social, sobre a geografia e seu papel social e sobre os alunos e a escola.

Uma reflexão inicial sobre a relação entre teoria e prática na formação profissional

A discussão sobre a formação profissional parte, em geral, do pressuposto básico de que se trata de dotar o profissional de bases teóricas para que ele possa atuar correta ou adequadamente na prática, baseando-se, por sua vez, em uma compreensão do que é teoria, do que é prática e da relação entre elas. Pelo sentido mais corrente, o momento da formação é o do acesso à teoria, da sua divulgação e discussão, e o momento da prática é o da sua aplicação. Nessa linha, a teoria, a boa teoria, traz explicações precisas da realidade educacional e, com isso, é capaz de oferecer orientações seguras para a prática. Trata-se da concepção de que há uma linearidade, que parte da teoria para a prática, e de que há superioridade da primeira em relação à segunda. A separação entre teoria e prática está ligada à divisão social do trabalho, que historicamente repercutiu em uma hierarquização das atividades, discriminando e desvalorizando aquelas mais voltadas à prática.

Nessa linha, consolidou-se o pensamento de que a teoria tem a ver com o conhecimento científico, que supera as manifestações particulares da prática. A ideia predominante é a de que a teoria é a dimensão própria da ciência e dos cursos de formação superior e a prática, a dimensão das escolas e dos professores; a teoria é produzida pela pesquisa e veiculada pelos processos formativos, ao passo que a prática dos professores nas escolas é vista como desprovida de saberes ou portadora de um saber "menos confiável". Assim, há uma crença de que o mundo da teoria tem o papel de contribuir para melhorar o mundo da prática.

No que diz respeito à formação de professores no Brasil, essa concepção orientou por um longo período os projetos e as práticas dessa formação, e em boa medida ainda orienta, seja quando se estruturam os cursos no modelo 3 + 1, seja quando se faz opção por outra forma de estruturação. Na formação de professores de geografia, nos primeiros anos do curso, ainda predominam as disciplinas de conteúdo, com a preocupação de formar saberes geográficos, na maioria das vezes sem articulação com o ofício profissional do geógrafo, pelo entendimento de que o importante é aprender os conteúdos de geografia em si mesmos, não levando em consideração a finalidade prática que possam ter. Nos últimos anos do curso, concentram-se as chamadas disciplinas pedagógicas, que orientam a formação para o exercício profissional, preparando tecnicamente o estudante para a aplicação prática de um instrumental básico do ofício de professor.

Nas últimas décadas, sobretudo a partir de 1980, muitos teóricos da didática têm feito reflexões que apontam para outra compreensão dessa questão. Para superar aquele entendimento, alterando a crença em que as teorias determinam a realidade prática com seus resultados de investigação, eles propõem: pensar na teoria e na prática como duas dimensões indissociáveis da realidade, não necessariamente realizadas em lugares e por pessoas diferentes; analisá-las de modo articulado a outras dimensões da realidade social, já que são práticas sociais, e são influenciadas por elas, como a cultural e a econômica; não personificar a ação da teoria ou da prática (nessa personificação, a teoria é o que os teóricos produzem e a prática, o que os professores fazem). Ou seja, não são as pessoas, mas o tipo de trabalho por elas realizado que pode ser caracterizado como, predominantemente, mais ligado a uma ou outra dimensão. É necessário encarar a prática educativa como algo realizado por sujeitos, que são individuais e sociais, e, nesse sentido, entender que eles são, ao mesmo tempo, teóricos e práticos, que vivem essa articulação racional, afetiva e corporalmente. Assim, essas dimensões se revelam na sua complexidade, ficando explícita a impossibilidade de que uma seja a adequação da outra, como se pode perceber no caso do trabalho docente, que tem como objeto o processo de ensino.

Com base na compreensão de que o ensino é uma prática social, histórica, dinâmica, realizada por sujeitos concretos, a teoria didática alerta que esse não é um fenômeno passível de aplicação de modelos teóricos previamente elaborados, como afirma Gimeno Sacristán (1998, p. 33):

> O problema da relação teoria-prática não se pode resolver em educação valendo-se de uma proposição na qual se conceba que a realidade – a prática – é causada pela aplicação ou pela adoção de uma teoria, de conhecimentos ou de resultados da investigação. Dito de outra forma, não podemos nos instalar em um mundo no qual caiba a esperança de que, uma vez que disponhamos de um sistema teórico, poderemos configurar a realidade globalmente de outra forma, que podemos governá-la de acordo com as determinações que possamos deduzir desse sistema.

A prática do ensinar é realizada por sujeitos que têm experiências pessoais, emoções, crenças, conhecimentos acadêmicos e conhecimentos cotidianos, que são acionados no processo de trabalho, transformando-se em dispositivos teórico-práticos da ação. Esses dispositivos caracterizam o trabalho docente como profissão e são definidos como parte de uma estrutura institucional e social mais ampla. Portanto, os saberes dos professores em sala de aula não se reduzem a um sistema cognitivo, eles têm componentes sociais, existenciais e pragmáticos.

Com essas bases, a integração entre teoria e prática tem sido destacada como um dos princípios da formação do professor na formação inicial ou continuada. Referindo-se à formação em geografia, esse princípio diz respeito à necessidade de articular o saber com as práticas sociais, articular o saber geográfico com seu significado social. Para isso, os cursos devem buscar envolver os alunos, futuros professores ou professores em exercício, durante toda a formação, na reflexão da necessidade e das possibilidades de trabalhar na prática com os conhecimentos que estão construindo.

Norteando-se por esse princípio da interdependência entre teoria e prática na formação docente, apresento a seguir algumas reflexões acerca dessa interdependência em momentos do exercício da prática profissional e em momentos da formação inicial no âmbito dos cursos de nível superior.

Atuação profissional e formação em geografia

As escolas são os lugares por "excelência" das práticas referentes à educação e ao processo de ensino. É em seu interior e em sua dinâmica cotidiana que os professores atuam profissionalmente. E, do ponto de vista desse "lugar da prática", considera-se a teoria muito distante e produtora de uma visão idealizada, utópica, não correspondente à realidade. Isso contribuiu, ao longo das últimas décadas, para reforçar a separação entre as duas instâncias e, muitas vezes, para dificultar a reflexão sobre a contribuição da teoria para decisões no cotidiano da escola. E como pensar de modo diferente? Como agir no sentido de superar essa separação? Como trabalhar para que a escola seja instância da prática e da teoria?

Uma primeira aproximação a essa reflexão é considerar que, diante do contexto social contemporâneo, caracterizado pelo avanço científico e tecnológico, pela complexidade das relações e práticas sociais, pela instabilidade, incerteza e constante ampliação de conhecimentos, as escolas devem se organizar para cumprir exigências específicas de formação das pessoas para viver e atuar nesse contexto. A escola e as práticas de ensino de geografia têm, diante disso, o papel de promover a formação geral de crianças e jovens para atuar na sociedade, buscando desenvolver nos alunos capacidades de pensar e agir de modo autônomo, de resolver problemas e tarefas cotidianas, estabelecendo as próprias metas, definindo as próprias estratégias, processando informação e encontrando recursos técnicos para atender a suas necessidades. O cumprimento dessa tarefa depende, entre outros fatores, da atuação dos professores em sala de aula, o que está ligado ao seu processo contínuo de formação e de reflexão. Tenho argumentado que a formação é, de fato, um processo de autoformação, contínuo, que na formação inicial e continuada é relevante a articulação ensino-pesquisa, ação-reflexão, que o exercício da atividade profissional requer a reflexão crítica.

A constituição da prática docente pelo professor como atividade teórico-prática pode ocorrer tanto em espaços fora da escola como na própria escola, em atividades cotidianas e em momentos mais sistematizados de atividade de formação continuada. Aqui interessa destacar momentos especialmente propícios à atividade reflexiva dos professores, à integração da atividade teórica com a atividade prática, destacando-se sua possibilidade de dar à escola o caráter de espaço formativo do professor de geografia.

Considera-se importante investir nessa proposta no intuito não de indicar mudanças superficiais no espaço escolar, mas de partir de outra concepção de formação, de escola e de professor. Aposta-se, então, em uma outra cultura, que permita a ocorrência da formação docente na escola com base em processos de reflexão coletiva e colaborativa em torno de problemas da prática alimentados por diferentes teorias, que conceba a escola como lugar de manifestação da complexidade do mundo contemporâneo, que considere o professor o sujeito de sua formação, que coloque os conteúdos das disciplinas escolares como objeto de constante discussão. Imbérnon (2000, p. 85) propõe a formação baseada na escola como alternativa de formação permanente do professor e defende que ela se baseie "na reflexão deliberativa e na pesquisa-ação, mediante as quais os professores elaboram suas próprias soluções em relação com os problemas práticos com que se defrontam".

Para fundamentar melhor essa proposta de escola como espaço formativo, indico, na sequência, algumas ações específicas.

O trabalho docente e a gestão do projeto político-pedagógico

A definição, a organização e a gestão de atividades escolares cotidianas específicas, como as que se desenvolvem em salas de aula de geografia, devem estar orientadas por um projeto político-pedagógico da escola que articule metas para o trabalho a ser realizado. As orientações atuais apontam para a necessidade de elaboração e acompanhamento/ avaliação coletiva dos projetos, constituindo-se em documento norteador da gestão coletiva, com a participação de todos os membros da equipe escolar (Libâneo 2004a).

A gestão da escola fundamentada em um projeto coletivo implica, entre outros elementos, a reflexão e a constituição dos distintos conteúdos de ensino a serem por ela veiculados. A consistência desse projeto e a eficácia de seus resultados do ponto de vista da qualidade de ensino dependem da capacidade reflexiva do professor, do exercício coletivo dessa capacidade para definir metas, prioridades, para defender projetos coletivos, para selecionar conteúdos a serem trabalhados.

A reflexão coletiva tem sido, de fato, destacada como prática relevante na formação dos professores (conferir, por exemplo, Imbernón 2000; Marcelo García 2002a; Gimeno Sacristán 1998). Essa prática, para ser levada a cabo, requer uma mudança de cultura, que rompa com o que os autores citados destacam como obstáculos a essa prática, entre eles, o isolacionismo e o individualismo que ainda caracterizam o trabalho docente e a estrutura da escola. Diferentemente, o que se demanda atualmente é a experiência coletiva, compartilhada, colaborativa, participativa, na qual todos os docentes de um espaço escolar determinado possam cotidianamente ter garantidos tempos e espaços para aprenderem juntos, para analisarem, experimentarem e avaliarem ações, para decidirem sobre mudanças e inovações de suas práticas, para conhecerem e decidirem sobre novos conhecimentos, para explicitarem teorias orientadoras de seu trabalho e submetê-las a uma revisão crítica, para compartilharem problemas e elaborarem projetos conjuntos.

Conforme Veiga (2004, p. 19), algumas características dos projetos político-pedagógicos inovadores, como transparência e legitimidade, são resultantes de processos democráticos e coletivos de sua elaboração:

> O projeto pedagógico visto como ruptura com o *status quo* procura a unicidade da relação teoria-prática, é orientado pelo princípio do trabalho coletivo, solidário, e busca desenvolver atitudes de

cooperação e reciprocidade. (...) A adesão à construção do projeto não deve ser imposta, e sim conquistada por uma equipe coordenadora, compromissada e conseqüente.

A reflexão na escola, a reflexão coletiva, ajuda a mudar as práticas já constituídas e consolidadas, entendendo que essas práticas são produtos culturais articulados, mas estão em relação dialética com elementos novos – instituintes (*ibid.*). Elas são dinâmicas, em permanente processo de construção, cujas mudanças potenciais estão na dependência das ações desencadeadas também por sujeitos individuais. Por sua vez, é preciso levar em conta que essas ações realizadas pelos docentes são constituídas, como toda ação humana, de propósitos, intenções, interesses, motivos, fins, necessidades, têm componentes afetivos e cognitivos, são desencadeadas por motivações, valores e desejos (Gimeno Sacristán 1998).

A compreensão das diferenças e das relações entre ações individuais e práticas constituídas reforça a necessidade e a possibilidade da reflexão sobre o espaço e os papéis da escola como um todo e, particularmente, sobre a geografia escolar no âmbito da escola, o que será feito no próximo item.

A reflexão sobre o conhecimento da geografia escolar e os processos formativos do professor

O conhecimento da geografia escolar é o conhecimento construído pelos professores a respeito dessa matéria e constitui fundamento básico para a formulação de seu trabalho docente, embora não suficiente, uma vez que há outros requisitos da competência pedagógica de professores para a realização desse trabalho. O processo de construção desse conhecimento pelo professor tem como referências mais diretas, de um lado, os conhecimentos geográficos acadêmicos, tanto a geografia acadêmica quanto a didática da geografia, e, de outro, a própria geografia escolar já constituída. A geografia escolar não é, pois, a que se ensina e a que se investiga na universidade, não é a geografia acadêmica. Ambas são estruturações do conhecimento geográfico que guardam relações entre si, mas são distintas.

A geografia escolar tem se constituído com as referências da geografia acadêmica, do movimento autônomo dos processos e das práticas escolares, das indicações oficiais formuladas em outras instâncias – como as diretrizes curriculares e os livros didáticos –, das concepções pessoais dos professores, resultantes de sua experiência com a geografia e a prática escolar (com respeito a temas como ensinar geografia, aprender geografia, ser bom professor de geografia e muitos outros).

As formulações feitas na primeira parte deste capítulo sobre as relações entre teoria e prática na formação ajudam a entender esse processo de construção da geografia escolar pelo professor e suas referências, auxiliando também a compreender, por um lado, as dificuldades apontadas pelos teóricos do ensino de "fazer chegar" os avanços da geografia acadêmica à prática escolar e, por outro, as resistências da prática quanto às orientações acadêmicas, entendidas na maioria das vezes como teóricas, idealizadas, distanciadas da realidade. Promover a articulação entre a geografia acadêmica e a geografia escolar, buscar formas de alimentação recíproca de uma pela outra são ações a serem realizadas pelos professores de geografia das escolas de educação básica no exercício da reflexão coletiva, na escola ou fora dela, que permite explicitar e sistematizar seu conhecimento da geografia escolar. Essa articulação deve ser também promovida pelos professores da geografia acadêmica de nível superior na reflexão sobre a estruturação dos conhecimentos geográficos produzidos no âmbito da pesquisa para fins de formação dos professores. O importante nessa reflexão é buscar compreender as relações e as diferenças entre as duas geografias, os processos de constituição de ambas, os caminhos para que cada uma possa ajudar a desenvolver as análises e as conclusões da outra, mas, principalmente, essa reflexão ajuda a entender que ambas são estruturações teórico-práticas da ciência geográfica.

Para esclarecer essas diferentes formas de estruturar os conteúdos geográficos, alguns exemplos são úteis. Um deles é o trabalho no ensino básico com as temáticas físico-naturais, procurando estruturá-las para que cumpram o papel do ensino de geografia de contribuir para a formação de conceitos de natureza e meio ambiente que incorporem a relação com a sociedade. Com esse objetivo, Morais (2011, p. 264) propõe, concordando com Ascensão (*apud* Morais 2011), que a vertente seja o recorte espacial para o estudo do relevo, por se considerar que ela é escala do vivido pelos alunos da escola básica. Esse é o eixo de abordagem que orienta a estruturação da geografia escolar, ressaltando-se, como alerta a autora, "a necessidade de se trabalhar, além da vertente, também com os conceitos de fundo de vale e planície de inundação, advertindo que os estudos baseados nessas unidades devem levar em conta tanto os processos morfoesculturais quanto os morfoestruturais". Diferentemente, a geografia acadêmica, levando em conta o nível escolar dos alunos, os objetivos de formação profissional e as diferentes especialidades do geógrafo, trabalha com esses temas em disciplinas referentes à área da geomorfologia, estruturando-as para abordar as grandes teorias de relevo, que demonstram sua evolução e transformação, nas quais a vertente é uma das unidades de análise.

Outro conteúdo geográfico foi objeto de investigação por Oliveira (2008): a cidade. No âmbito da geografia acadêmica, esse conteúdo é parte da formação básica do futuro profissional e é estudado na disciplina geografia urbana. Segundo o estudo, nessa disciplina, são trabalhadas temáticas sobre a cidade de modo diversificado, mas destacando-se a abordagem da cidade na história, os processos de industrialização e urbanização, a sociedade urbana e os problemas urbanos. Numa orientação crítica, a ênfase é a escala intraurbana e a compreensão de espaço urbano como produção social, embora seja abordada também a escala interurbana, quando se exploram os conceitos de região e rede urbana. Na escola básica, essa temática é ensinada com outros conteúdos, seguindo-se muito proximamente os livros didáticos adotados. A autora levanta a necessidade de estruturar os conteúdos tendo como referências a reflexão sobre o lugar do aluno e do professor, a compreensão da cidade em que se vive, formando conceitos básicos e mobilizando conceitos já formados, que possibilitem a análise da própria cidade e de outras.

Esses exemplos ajudam a perceber mais empiricamente as diferenças e as relações entre uma e outra estrutura da geografia, embora ainda seja uma discussão que requeira aprofundamento. Os exemplos ajudam a ver que, ao trabalhar determinado conteúdo na escola, os professores mobilizam diferentes saberes (do conteúdo disciplinar, de aspectos pedagógicos e da experiência) e, assim, compõem em contextos específicos o conteúdo curricular.

Em relação à influência do espaço da prática escolar na construção desse conteúdo, ou seja, do conhecimento sobre geografia escolar, destaca-se o momento da "recepção" do professor recém-formado pela escola. Preocupado com os primeiros anos de profissão docente, que chama de fase de "iniciação ou inserção profissional no ensino", Marcelo García (2002b) faz algumas perguntas que considero bastante relevantes: o que ocorre quando um professor tem a "sorte" de ser admitido em seu primeiro posto de trabalho? Que precauções toma o sistema para assegurar formação contínua ao professor iniciante? Para o autor, essa fase deve ser entendida como parte de um contínuo da formação, na qual os professores realizam a transição de estudantes para professores, na qual ocorre, ou pode ocorrer, um choque com a realidade, com alguns problemas, como a imitação acrítica de condutas observadas em outros professores, o isolamento de seus companheiros, a dificuldade para transferir o conhecimento adquirido em sua etapa de formação e o desenvolvimento de uma concepção técnica de ensino.

A reflexão sobre esse processo de construção do conhecimento da geografia escolar pelo professor e de suas referências é útil para compreender, por exemplo, por que há resistências referentes às orientações acadêmicas na prática escolar. Na prática, a geografia ensinada muitas vezes não consegue ultrapassar ou superar as descrições e as enumerações de dados, fenômenos, como é da tradição dessa disciplina. Na prática, o livro didático define o que se vai ensinar, e os professores tratam os temas em si mesmos, sem articulá-los a um objetivo geral. Na prática, continua a ser um desafio trabalhar com situações-problema, buscando a formação de um pensamento conceitual, para servir de instrumento da vida cotidiana, tendo em mente ao mesmo tempo a complexidade do mundo contemporâneo e o contexto local.

Não há estruturas únicas para essas duas dimensões da ciência geográfica, elas são objeto de debate, fazem parte de diferentes propostas e dependem de fundamentos teórico-metodológicos que as orientem. De todo modo, quando se está no âmbito da geografia acadêmica, os objetivos ao se trabalhar qualquer conteúdo estão ligados a uma formação profissional – afinal, está-se formando um geógrafo – e as disciplinas correspondem a especialidades dentro do campo de investigação científica, podendo-se em vários momentos fazer abstrações no sentido de verticalizar sua compreensão. No ensino básico, a preocupação é com a formação do cidadão, por meio de conhecimentos básicos, entre eles o geográfico. Nesse sentido, os temas necessitam ser trabalhados com mais articulação entre si e a escala do vivido tem maior apelo, embora não se possa descartar essa escala no tratamento dos conteúdos na formação profissional, na academia.

Para finalizar este tópico, cabe ressaltar que o tema está sendo abordado nesse momento para chamar a atenção sobre sua pertinência como conteúdo da reflexão a ser feita pelos professores no cotidiano escolar e, principalmente, nos momentos de planejamento e elaboração dos projetos político-pedagógicos, que é quando se tomam decisões sobre seleção e estruturação de conteúdos de ensino.

A relação entre escola, geografia escolar e instituições formadoras

Não se pode pensar em práticas de ensino, em trabalho docente, como dependentes somente das pessoas diretamente envolvidas no processo, que são os professores de geografia e os alunos. Todo o trabalho referente ao ensino de geografia – seus limites e possibilidades – está inserido em um contexto maior, que é o escolar, que, por sua vez, tem sua lógica e suas práticas articuladas a um contexto social amplo, ou seja, o trabalho docente em geografia compõe um conjunto cultural da escola. Por essa razão, a construção da geografia escolar e a construção do conhecimento (reflexão, conscientização, explicitação) dessa geografia, por parte dos professores da matéria e também dos alunos, visando à constituição de novas práticas de ensino e à mudança de sua concepção por parte da sociedade, dependem de práticas escolares coerentes com essas mudanças. Para que a escola se efetive como um espaço formativo para os professores, ela deve se constituir como um espaço aberto, vivo e ligado aos movimentos da sociedade.

Nesse sentido, uma referência para o trabalho escolar com a geografia devem ser as demandas de uma sociedade global, com problemas espaciais determinados, e as demandas locais, que trazem questões geográficas da cidade, do bairro ou da região, que estão constantemente reclamando por soluções técnicas e políticas. Isso significa que a escola deve estar aberta a participar ativamente das gestões territorial, urbana, ambiental, rural, com ações que o professor de geografia pode mediar, liderar e das quais pode participar. Sobre esse particular da atividade da escola e do docente, Imbernón (2000, p. 40) comenta:

> A formação deveria dotar o professor de instrumentos intelectuais que fossem úteis ao conhecimento e à interpretação das situações complexas em que se situa e, por outro lado, envolver os professores em tarefas de formação comunitária para dar à educação escolarizada a dimensão de vínculo entre o saber intelectual e a realidade social com a qual deve manter estreitas relações.

Do mesmo modo, é preciso destacar que a escola deve estar aberta para as instituições científicas que produzem e reelaboram o conhecimento científico ligado às diversas matérias que nela são veiculadas. Assim, ela se liga ao conhecimento novo, à atualização do conhecimento científico do professor. Aqui se destacam as possibilidades de fazer intercâmbio com a universidade e as instituições científicas de diversos modos, visando ao acesso ao conhecimento ali produzido, tendo, contudo, como referência o princípio de indissociabilidade entre teoria e prática.

Um momento peculiar desse intercâmbio ou parceria, especialmente rico para a escola, é a recepção de alunos/estagiários em formação inicial de licenciaturas e seus professores supervisores. Na cultura predominante, a escola é o lugar da prática e os estágios são momentos de aplicação de modelos de professor e de prática docente definidos teoricamente.

Assim, escola recebe passivamente os estagiários, sem que esse fato seja de relevância em seu cotidiano. Como resultado, muitas escolas não apresentam interesse especial em estreitar relações com os cursos formadores de professores para receberem estagiários. Diferentemente, o que se aponta atualmente é uma relação de intercâmbio e de parceria efetiva para a realização de estágio como campo formativo, em que haja envolvimento de ambas as partes na definição de projetos, com base num entendimento do estágio como momento teórico-prático de realizar intervenções criativas ou pesquisas baseadas em situações-problema, num trabalho mais colaborativo entre equipes formadas por professores formadores de licenciaturas, professores de educação básica e estagiários.

Esse caminho para realizar estágio é coerente com os princípios da formação docente já mencionados, requerendo experimentar e estudar formas de viabilização no cotidiano, e é particularmente adequado no sentido de propiciar espaços de formação para os professores em exercício, pois baseia-se na interação de reflexões teóricas e possibilidades da prática coletiva.

A consolidação de práticas de trabalhos de reflexão coletiva pelos professores como parte de sua atividade profissional cotidiana pode levar à instauração de uma cultura de formação permanente, de constante reflexão sobre a geografia escolar, reafirmando que um dos elementos alimentadores dessa reflexão é o conhecimento acadêmico. A geografia é um campo do conhecimento científico multidimensional, já que sempre buscou compreender as relações que se estabelecem entre o homem e o mundo natural, e como essas relações, ao longo da história, vêm constituindo diferentes espaços. Hoje, mais que nunca, essa busca leva ao surgimento de uma pluralidade de caminhos. Sua presença na escola exige que o professor esteja sempre estudando e buscando informações, mas também formando seu quadro de referência para a análise do mundo do aluno e da escola, e do que é universalmente necessário para que o aluno tenha seu próprio quadro de referência para pensar espacialmente esse mundo.

Todas essas indicações apontam para a ideia de formação permanente do professor e de sua importância. Todas elas expressam um entendimento dessa formação que ultrapassa os tradicionais cursos de atualização científica e pedagógica oferecidos pelas instituições de ensino superior ou pelas secretarias estaduais e municipais. A formação permanente defendida inclui essa "modalidade" da formação, mas destaca, sobretudo, a experiência contínua da formação profissional docente que busca, por meio do diálogo e da reflexão, construir a autonomia intelectual para decidir sobre significados e objetivos das metas de ensino, para decidir sobre ações de planejamento e de realização das atividades coerentes com as metas, e para avaliar os resultados das atividades empreendidas cotidianamente. É preciso, para finalizar esse conjunto de argumentação sobre a importância do reconhecimento da escola e da prática escolar como espaço de formação do professor, destacar que esse reconhecimento requer o encaminhamento da luta por condições objetivas do trabalho docente nas escolas. Para tanto, é preciso que haja institucionalização desse espaço, como indica, por exemplo, Saviani (2007, p. 3):

> Não basta fixar um piso salarial mais elevado. A questão principal que, ao que parece, o PDE não contemplou, diz respeito à carreira profissional dos professores. Essa carreira teria que estabelecer a jornada integral em uma única escola, o que permitiria fixar os professores nas escolas, tendo presença diária e se identificando com elas. E a jornada integral, de 40 horas semanais, teria que ser distribuída de maneira que se destinassem 50% para as aulas, deixando-se o tempo restante para as demais atividades, ou seja, os professores poderiam também participar da gestão da escola, da elaboração de seu projeto político-pedagógico, das reuniões de colegiado, do atendimento às demandas da comunidade, além de orientar os aluno em seus estudos e realizar atividades de reforço.

Formação profissional e atuação do professor de geografia

Princípios e desafios para a formação profissional na atualidade

A formação profissional está inserida num projeto de formação amplo, uma vez que se trata de formação integral do indivíduo, da pessoa. Trata-se, portanto, de uma formação humana. Assim, ela não está ou não deve estar totalmente vinculada ao mercado de trabalho, mas à formação de um sujeito/profissional ético – que vise à consciência e à responsabilidade social expressas por participação, cooperação e solidariedade, pelo respeito às individualidades e à diversidade humana, e pela busca da igualdade social. Nesse sentido, qualquer trabalho profissional a ser realizado não pode estar desvinculado desses princípios e objetivos mais gerais da produção humana, da ação humana, do trabalho (entendido como o exercício de uma atividade específica, o ambiente do trabalho a ela referente e as suas lutas) como princípio fundante dos homens, como produção da existência.

Outro aspecto a considerar é que, conforme foi dito anteriormente, a formação do professor ou de qualquer profissional, hoje, é contínua, permanente, e deve se realizar também nos espaços de atuação profissional. No entanto, o período inicial da formação profissional, a formação em nível superior, tem um significado importante. Para esse processo de formação, alguns princípios já estão discutidos e aceitos como orientadores de projetos de cursos de licenciatura, entre os quais os da integração entre teoria e prática, do ensino e pesquisa, da interculturalidade, da interdisciplinaridade. A definição desses princípios e a compreensão da problemática e das demandas da formação e da prática docentes levaram a mudanças importantes na legislação brasileira que trata desse tema e na estrutura dos cursos de licenciatura. No entanto, alguns problemas – na verdade, desafios – permanecem, como os destacados a seguir.

Identificam-se, primeiramente, dificuldades para os formadores em modificar as concepções/crenças que os estudantes trazem de sua experiência de vida sobre a geografia escolar, sobre o trabalho docente e sobre a escola. Em geral, segundo o que apontam as pesquisas (cf., por exemplo, Marcelo García 2002a; Tardif 2000), os cursos de formação inicial compõem apenas uma parte das fontes dos conhecimentos profissionais, dos saberes docentes, devendo-se incluir nessa composição a experiência de vida e de formação escolar anterior e as próprias práticas profissionais.

Há outra ordem de dificuldades na formação inicial: em geral, ela tem sido bastante marcada pela aprendizagem de conteúdos teóricos da geografia acadêmica e de suas diversas especialidades sem uma reflexão sistemática sobre seu significado e seus modos de atuação na prática docente. Sobre isso, argumenta-se que muito dessa orientação está relacionado a uma maior valorização das modalidades mais técnicas da formação (geralmente na formação de bacharelado), fazendo com que, mesmo quando se está ensinando a futuros professores, a estrutura das disciplinas e dos cursos sejam basicamente as mesmas dos cursos de bacharelado. Talvez por isso os professores da escola básica e os alunos em formação inicial reclamem frequentemente do distanciamento entre o conteúdo científico da geografia, as propostas teóricas da didática da geografia e a prática efetiva dessa disciplina, a geografia escolar. Essa é uma realidade para a maioria dos cursos de graduação, que tem uma estrutura fechada em si mesma e desenvolve currículos que supervalorizam, ainda, a dimensão técnico-científica, em detrimento da formação da autonomia intelectual, da criatividade, da formação ética, da sensibilidade.

Os professores das diferentes especialidades que compõem o currículo de formação, segundo a literatura e a experiência prática, estão prioritariamente voltados para a especificidade e para o avanço da pesquisa em seu campo. Em suas disciplinas, costumam destacar o conhecimento específico da geografia e seus avanços científicos. De fato, a geografia tem avançado bastante na produção de conhecimentos em busca da compreensão do mundo contemporâneo, levando em conta suas principais características, entre elas as da complexidade, da fragmentação, da desigualdade, da desterritorialização, da diferença, da globalização e da ressignificação do lugar. Nesse contexto, a espacialidade é um componente fundamental para a prática da vida cotidiana, ou seja, cada vez mais, as práticas sociais estão dimensionadas por espaços complexos, heterogêneos e múltiplos. Para entender essa realidade, necessita-se de domínio sólido de conhecimentos espaciais, o que justifica o empenho dos professores dos cursos de geografia em prover os alunos, futuros professores, de conhecimentos científicos consistentes e atuais. No entanto, para a construção da geografia escolar, para a formação do professor de geografia, a geografia científica e seus avanços são referências importantes, fundamentais, mas insuficientes.

Nesse aspecto, chama-se a atenção para a relevância de constituir os momentos de formação pedagógica dos professores universitários como forma de viabilizar a reflexão sobre essas e outras dificuldades e a discussão sobre possibilidades de inovação nas suas práticas formativas. Cunha (2001) investigou as experiências significativas na formação inicial em cursos de licenciatura, entendendo que, nessas experiências, estavam elementos de inovação paradigmática da formação. Os elementos destacados pela autora são: a relevância do conhecimento, a mediação do professor, o protagonismo do aluno, a flexibilização de espaços e tempos. São elementos a serem pensados e acrescentados às discussões dos cursos, pois, mais do que princípios gerais, eles revelam a preocupação com a autonomia do professor em sua prática.

Essa mesma pesquisadora, em outro estudo, faz considerações relevantes para pensar nas dificuldades e nos desafios cotidianos dos cursos de formação inicial do professor:

> Todos os professores foram alunos de outros professores e viveram as mediações de valores e práticas pedagógicas. Absorveram visões de mundo, concepções epistemológicas, posições políticas e experiências didáticas. Através delas foram se formando e organizando, de forma consciente ou não, seus esquemas cognitivos e afetivos, que acabam dando suporte para a sua futura docência. Intervir nesse processo de naturalização profissional exige uma energia sistematizada de reflexão, baseada na desconstrução da experiência. Os sujeitos professores só alteram suas práticas quando são capazes de refletir sobre si e sobre sua formação. A desconstrução é um processo em que se pode decompor a história de vida, identificando as mediações fundamentais, para recompor uma ação educativa e profissional conseqüente e fundamentada. (Cunha 2006)

Para superar as dificuldades identificadas nas práticas, essas reflexões podem ser focadas para firmar convicções sobre objetivos da formação. Neste capítulo, postula-se a formação de um profissional que domine o campo da geografia, a reflexão de suas finalidades sociopolíticas e o modo peculiar de constituição desse campo, que são resultantes da definição de uma perspectiva de análise espacial – e de métodos e conceitos-chave para a construção da disciplina geográfica. A atuação profissional exige, nesse sentido, não memorização e reprodução de conhecimentos geográficos, mas construção e reconstrução de conhecimentos de referência e de compreensão de seu significado social pelo formando. Uma premissa para essa formação é a compreensão de que ao professor não basta ter domínio da matéria, é necessário tomar posições sobre as finalidades sociais da geografia numa determinada proposta de trabalho.

Com base nas afirmações feitas neste capítulo, indica-se o acréscimo, como princípio da formação docente, da problematização da geografia escolar, definindo-a como eixo da formação, transversal às disciplinas ministradas. Esse eixo tem como propósito problematizar as diferentes especialidades dessa ciência nos diferentes momentos do curso e, até mesmo, em momentos de formação continuada, com base em algumas interrogações basilares: em que contexto a geografia se constituiu como ciência? Qual a natureza desse conhecimento ao longo de sua história? Qual é a estrutura do conhecimento geográfico? Em que consiste a particularidade dos diferentes conhecimentos que essa ciência produz? Quais as diferentes possibilidades, na atualidade, de aproximação à realidade com base nesse campo científico? Qual a contribuição ou contribuições da geografia na atualidade? Como esse conhecimento tem se constituído como conhecimento escolar? Que contribuição tem para a formação básica das pessoas? Quem tem decidido sobre a constituição desse conhecimento escolar? Quais as relações entre geografia acadêmica e geografia escolar? Essas questões são, na verdade, desdobramentos de questões mais gerais da didática da geografia, relacionadas à epistemologia: o que é geografia? O que é geografia escolar? Para que serve? Quem a faz e com que fundamentos?

A definição desse eixo da formação implica reforçar a ligação da universidade com a escola e com a geografia escolar cotidiana, não para corrigir, para dizer o que ela deve fazer, mas para compreender o que realmente ela pode fazer e faz, para realizar uma reflexão coletiva sobre como cumprir sua função social.

A formação inicial em geografia

Os cursos de formação inicial para professores de geografia vivenciaram nos últimos anos mudanças em sua estrutura curricular, em razão principalmente dos dispositivos legais atuais. Com base na resolução do CNE (Brasil 2002) e nas Diretrizes Curriculares Nacionais para a geografia, por exemplo, os projetos político-pedagógicos dos cursos preveem 400 horas de práticas como componentes curriculares e 400 horas de estágio curricular supervisionado, que deve ocorrer a partir da segunda metade do curso. Sem dúvida, essa é uma estrutura mais adequada a uma integração entre teoria e prática, tão importante para a formação profissional, como vem sendo destacado. No entanto, mudar a estrutura dos cursos de licenciatura é uma condição necessária para levar a cabo uma nova concepção de formação, mas não é suficiente. O que é mais significativo nesse caso é a alteração das práticas de formação, no sentido dado por Gimeno Sacristán (1998, p. 115), que faz uma importante distinção entre as ações individuais dos sujeitos envolvidos com uma realidade educacional e as práticas objetivadas que norteiam a instituição educativa:

> A prática não é, ou não é somente, uma técnica derivada de um conhecimento acerca de uma forma de fazer; não é o exercício e expressão de destrezas individuais, nem se circunscreve exclusivamente às aulas; extrapola as ações dos professores e estudantes (...) tem sua história, porque é uma cultura. Não está motivada ou dirigida só, nem talvez fundamentalmente, pelo conhecimento ou pela ciência; em sua complexidade encerra pressupostos, motivos que a dirigem e formas de fazer que não são exclusivos dela, que são variados e nem sempre coerentes entre si.

Nesse entendimento, as práticas formativas são os papéis assumidos por professores e alunos, as rotinas pedagógicas, os modos de relacionamentos entre professores e alunos, os estilos de professores, a organização das atividades, os modos de avaliação da aprendizagem, os modos de registros das atividades e de organização centralizada desses registros, os modos de planejamento das aulas e do currículo. Embora essas práticas mantenham uma relação dialética com as ações individuais e subjetivas dos sujeitos, elas são consolidadas, estabilizadas, compõem uma cultura objetivada, intersubjetiva, que tem mais "força" do que aquelas ações para orientar a realidade.

É no âmbito das práticas, portanto, que, nesse momento, são necessárias as mudanças, para além das estruturas dos cursos, de um lado, e das ações individuais dos diferentes sujeitos, de outro. E o que significa mudar as práticas de formação inicial de professores em cursos de nível superior? Significa, entre outras coisas, mudar o cotidiano dessa formação no sentido de: tomar as experiências dos estudantes como referências vitais no processo de ensino-aprendizagem; reforçar a ideia de que a base de uma formação consistente não é a quantidade de conteúdo ministrado nas disciplinas, mas o desenvolvimento de um modo de pensamento autônomo; sair da lógica estrita da disciplina teórica, que pressupõe a aprendizagem circunscrita à apresentação da teoria mais recente resultante da pesquisa científica; superar a lógica do professor que sabe tudo e do aluno que vai "absorver" o conteúdo; buscar uma aprendizagem contextualizada; experimentar formas de ensino com pesquisa; estruturar as disciplinas tendo como eixo a resolução de problemas com base em situações-problema; propiciar oportunidades para trabalhos de grupos de cooperação, de grupos interdisciplinares, de realização de seminários interdisciplinares; buscar formas de realização das atividades de ensino alternativas à sala de aula e, sobretudo, às aulas expositivas.

Nesse cenário, as práticas profissionais e o estágio podem ganhar outra dimensão, podem se tornar eixos articuladores da formação inicial e da relação entre essa formação e o exercício profissional. O estágio curricular deve ter, nessa formação, o caráter de campo formativo, estruturado em parcerias entre as instituições envolvidas, com eixo na pesquisa ou em projetos de intervenção na realidade educativa, para além de atividades de vivência na escola, de observação e de regência de aulas.

A relação entre instituições formadoras, a escola básica e a formação continuada de professores de geografia

Convencionalmente, as relações predominantes entre as instituições formadoras de professores e a escola básica seguem a lógica da relação linear entre teoria e prática, na qual aquelas instituições detêm a teoria e a escola, a prática. Nessa linha, as instituições produzem os conhecimentos científicos e técnicos válidos, divulgam esses conhecimentos e orientam, com base neles, a prática da escola, conforme colocado inicialmente. De outra perspectiva, neste capítulo, estão sendo delineados aspectos pertinentes a uma relação diferente entre essas duas dimensões da realidade, que leva a uma nova prática de aproximação entre as instituições e as escolas.

É preciso alertar, contudo, que não se trata de pensar nessa aproximação com base somente nas ações de sujeitos que integram as diferentes instâncias da formação. Essas ações individuais ou de grupo, por exemplo, numa pesquisa colaborativa ou num projeto de estágio curricular integrador, são relevantes e contribuem, de fato, para mudanças mais significativas das práticas, mas é preciso buscar aproximar instituições e contextos, para além dos sujeitos.

Nessa direção, estão as preocupações levantadas por Leite *et al.* (2008), quanto aos caminhos da prática de formação profissional do professor, com destaque para atividades ligadas ao estágio supervisionado. Esses autores reafirmam o relevante papel do estágio na formação de professores para atender às demandas profissionais. Alertam para o fato de que não se pode encarar o estágio como tradicionalmente se fez: numa racionalidade que separa teoria e prática, entendida como aplicação de uma teoria. Assim, valorizam a pesquisa e a reflexão num estágio que permita, no início da profissão, realizar trabalhos inovadores com professores já em exercício.

E o que seria promover uma relação mais efetiva entre instituições de ensino superior e escolas de ensino básico, no que diz respeito à formação inicial e continuada de professores de geografia?

Em primeiro lugar, essa relação de integração deveria fazer parte das políticas e das metas amplas das instituições envolvidas e dos projetos pedagógicos dos cursos de formação e das escolas, sendo que, nestes últimos, seria possível prever formas de intercâmbio que garantissem uma troca permanente de conhecimentos e experiências entre as duas instâncias. Em todos os momentos e em qualquer modalidade, eles devem ser considerados espaços formativos, de formação inicial ou de formação continuada, cujo objetivo seria estabelecer intercâmbio para promover, pela ação conjunta das instâncias (via secretarias de educação ou não), o exercício da reflexão sobre as práticas, o exercício do trabalho coletivo, da criatividade e da autonomia, entendendo a escola como um espaço formativo e a formação como processo contínuo de autoformação. A concepção é a de que a formação profissional é um processo de construção, pelo professor, de suas competências, habilidades e concepções teórico-práticas para o exercício das atividades profissionais, envolvendo, para tanto, o desenvolvimento integral do sujeito ao longo de sua trajetória pessoal e profissional. Conforme Porto (2000, p. 13):

> Identifica-se a formação com percurso, processo – trajetória de vida pessoal e profissional, que implica opções, remete à necessidade de construção de patamares cada vez mais avançados de saber ser, saber-fazer, fazendo-se. Portanto, torna-se possível, a partir dessa lógica, relacionar a formação de professores com o desenvolvimento pessoal – produzir a vida – e com o desenvolvimento profissional – produzir a profissão docente.

Portanto, a construção da autonomia, a mudança das práticas e a reflexão sobre as possibilidades de inovações devem ser a tônica para o professor, para a escola e para as instituições de ensino superior em suas ações conjuntas, especialmente nas ocasiões em que essas instituições realizam cursos de formação continuada para os professores em exercício. Nessas ocasiões, é preciso que sejam discutidas propostas e políticas de educação e, sobretudo, os problemas da escola pública e do cotidiano escolar, com o compromisso de refletir sobre modos de superar suas dificuldades, de enfrentar seus desafios. Além disso, é preciso considerar os saberes docentes que os professores já possuem e também sua história de vida, como uma das referências da construção desses saberes. Assim, será possível superar a visão de que a escola, para as instituições formadoras, representa apenas um campo de aplicação prática de teorias produzidas em seu interior, em estágios e em pesquisas, para tornar-se um espaço teórico-prático de formação e produção de conhecimentos sobre a prática pedagógica do professor.

5
TRABALHO DOCENTE EM GEOGRAFIA, JOVENS ESCOLARES E PRÁTICAS ESPACIAIS COTIDIANAS

Em 2011, foi possível acompanhar nos meios de comunicação várias manifestações de movimentos políticos organizados por jovens que reivindicam mudanças em aspectos da vida social, no contexto em que estão vivendo. Podem ser citadas como exemplos dessas mobilizações as ocorridas em alguns países do Oriente Médio, da África e da Europa, como Tunísia, Líbia, França, Inglaterra e Espanha. Mais recentemente, do "lado" da América Latina, pode-se citar o movimento estudantil do Chile.[1] Em que pese a complexidade de movimentos como esses, tomados em suas especificidades ou em conjunto, cuja análise ultrapassa o foco deste capítulo, a referência a eles, para iniciar uma explanação sobre ensino de

---

1. Refiro-me, por exemplo, a uma série de levantes que começou com protestos políticos na Tunísia, no início de janeiro de 2011, e se "espalhou" por outros países árabes nos meses seguintes. Também é referência dessa série o movimento estudantil do Chile, desde junho de 2011, que tem como uma das principais reivindicações a educação gratuita de qualidade.

geografia e jovens escolares, justifica-se pelo propósito de destacar uma característica desse segmento social ao qual esse ensino se destina: a sua responsabilidade nos rumos da vida social e as possibilidades históricas de sua ação para a manutenção ou para a transformação da sociedade. Além disso, há também a pertinência de constatar que, nesses eventos, sobressaiu o papel das comunicações em redes virtuais para orientar as práticas naqueles contextos.

Esse destaque salienta o fato de que o ensino de geografia tem razão de ser na escolarização formal de jovens como contribuição para suas práticas socioespaciais, cotidianas e não cotidianas, como as que foram referidas. Esses e outros jovens atuam baseados em referenciais construídos sobre seu lugar de vida cotidiana, sobre suas práticas locais, sobre seu país, e é para essa meta que os conteúdos da geografia devem servir. Mas eles também os constroem em sua vida diária fora da escola, ou seja, eles também constroem conhecimentos espaciais (e outros) ao lidar com o mundo de sua experiência imediata. Na escola, circulam conhecimentos especificamente selecionados, organizados, estruturados para serem aprendidos pelos jovens alunos, com o intuito de ampliar suas referências mais imediatas. Nessa direção, afirma-se a relevância de conhecer os jovens escolares, suas motivações, seus conhecimentos, para melhor contribuir para sua formação.

Este capítulo tem a pretensão de apresentar características desses jovens no mundo contemporâneo, no sentido de apontar suas práticas e motivações, para em seguida levantar elementos de possíveis conexões de seus anseios com os objetivos do ensino de geografia. Como desdobramento dessas ideias, são focadas algumas alternativas para concretizar propostas de ensino que contribuam efetivamente para as experiências cotidianas dos jovens estudantes, por resultar em ampliação de conhecimentos sobre sua vida cotidiana, particularmente nos lugares da cidade.

Ensinar geografia para quem? Jovens escolares e suas motivações

Os avanços nas concepções e nas práticas da formação de professores têm permitido compreender melhor como ocorre esse processo ao destacar aspectos que caracterizam os saberes docentes, entre os quais está o entendimento de que eles se constituem na prática, em articulação com a teoria. Com a contribuição das investigações e das formulações teóricas sobre o tema, postula-se que há saberes específicos a serem formados/construídos pelos professores de geografia que podem ser apresentados como o que ele necessita para atuar profissionalmente:

- *saber geografia* – antes de qualquer habilidade, do professor se exige que tenha domínio pleno da área de conhecimento, mas isso significa saber mais que conhecer seus conteúdos, pois requer saber a história do pensamento geográfico, os métodos de investigação resultantes dessa história, o objeto de estudo da área e as discussões teórico-metodológicas que a envolvem, dando significado histórico ao objeto e a suas categorias;
- *saber ensinar* – trata-se de saber pensar sobre o ato de ensino como fenômeno social, que tem intencionalidade, que está vinculado a projetos de mundo, de sociedade, de formação para determinada sociedade, compreender o papel do professor como mediador no processo, conhecer as matrizes de entendimento do processo de aprendizagem dos alunos e tomar posição diante delas;
- *saber para quem vai ensinar* – é importante que os professores conheçam teorias que lhes deem fundamentos para conhecer quem são os alunos, quais suas motivações, qual sua história e contexto de vida, sua identidade individual e coletiva, ou seja, ter referências psicológicas, para refletir sobre a subjetividade humana, e sociológicas, para entender os alunos como sujeitos sociais;
- *saber quem ensina geografia* – é relevante que os cursos de formação proporcionem referências teóricas para reflexão sobre a "figura" do próprio professor, sua identidade, seus projetos, sua profissionalização, sua carreira, seus motivos, a opção profissional, a concepção de escola e de formação escolar e as implicações desses elementos na prática docente;

- *saber para que ensinar geografia* – trata-se de uma discussão sobre o currículo, sobre os processos de constituição dos conteúdos escolares, das composições curriculares e da compreensão do papel dessa matéria escolar específica e de sua contribuição social no conjunto da formação básica;
- *saber como ensinar geografia para sujeitos e contextos determinados* – compreender a escola como instituição social, seu papel na atualidade, suas crises e suas dificuldades, ter uma posição sobre a sociedade e seus dilemas, suas conquistas históricas e seus "enganos".

Entre os saberes delineados, um dos requisitos da formação de professores diz respeito ao conhecimento formado sobre para quem ensinar, quem são concretamente os alunos, ou seja, aos professores interessa observar os jovens, sua fala, suas práticas e também se informar sobre como os especialistas estão compreendendo esse segmento social no contexto contemporâneo global e local. Essa discussão remete à análise da juventude e de sua cultura como representantes significativos dos alunos da educação básica.

Um ensino de cunho crítico, voltado para o desenvolvimento intelectual dos alunos, busca mediar seus processos de conhecimento considerando-os sujeitos ativos, já portadores de saberes e capacidades de pensamento, já portadores de histórias e sensibilidades, de experiências reais e imaginárias. Para mediar os processos mentais dos alunos, atuando em sua zona de desenvolvimento proximal, segundo o entendimento da matriz histórico-cultural,[2] buscam-se aproximações entre saberes cotidianos e científicos para a ampliação dos conhecimentos. Torna-se, assim, fundamental conhecer os alunos como sujeitos concretos, compreender suas motivações, seus receios, suas expectativas, seus valores, para além

---

2. Uma formulação de minha compreensão dessa linha de pensamento está apresentada no Capítulo 7 deste livro.

de padronizações, estereótipos e preconceitos.[3] No caso específico da geografia, é potencializadora de sua aprendizagem a inclusão dos saberes das práticas espaciais dos jovens como referência constante. Esses saberes são básicos para tornar as experiências da escola e os conhecimentos nela veiculados mais significativos para os jovens. Aprofundar os saberes sobre essas experiências, em consonância com a linha teórica aqui postulada, ajuda a encontrar respostas a questões que comumente angustiam os professores em seu trabalho cotidiano, como as que se seguem: como fazer aproximações entre os temas da geografia e a vida dos alunos e seus temas de interesse? É possível encontrar ligação entre esses temas? Como encaminhar as aulas, garantindo o interesse dos jovens pelos conteúdos veiculados, motivando-os para os estudos? Como encaminhar as atividades de ensino, no sentido de intervir nos interesses individuais imediatos dos alunos, para que possam incorporar outros interesses, coletivos e sociais, a fim de que passem a fazer parte também de seus interesses individuais? Como exigir dos alunos a leitura e a reflexão teórica sobre temas geográficos com os recursos de livros didáticos, textos paradidáticos e a fala dos professores, quando se sabe que a juventude está cada vez mais constantemente ligada a artefatos tecnológicos, midiáticos e informatizados como suas principais mediações para se relacionar com o mundo?

Os jovens e suas culturas

As questões anteriormente formuladas, na tentativa de traduzir as angústias de professores de geografia, podem ter respostas (não

---

3. Faço referência a associações lineares e superficiais desse segmento ou a um problema social, ligando os jovens a temas como drogas, violência, sexo, consumo e consumismo, moda, indústria cultural, alienação, festas, lazer, *rock*, curtição, gangues, tribos, guetos, vandalismos, "arruaça", agitação, ou à vanguarda da sociedade, relacionando-os a expressões como vanguarda política, social e cultural, agente de transformação social, irreverência, rebeldia, transgressão. Essas e outras associações desse tipo empobrecem a compreensão desse segmento, uma vez que elegem um aspecto, ou alguns aspectos, de um conjunto complexo e contraditório de comportamentos e práticas.

únicas) com a ajuda de uma compreensão dos jovens escolares e de sua cultura. Para falar sobre esses sujeitos, em primeiro lugar, é preciso contextualizá-los. Os jovens podem ser definidos por vários critérios, várias compreensões e em vários contextos. Neste capítulo, e em outras produções,[4] consideram-se jovens escolares os indivíduos entre 15 e 24 anos,[5] que frequentam as escolas de diferentes regiões do Brasil. Também se pode especificar mais, focando naqueles que vivem nas cidades brasileiras contemporâneas. Portanto, o contexto aqui tomado é particularmente o urbano, não se excluindo a possibilidade de ampliar algumas de suas características para jovens que habitam outros espaços, áreas rurais, dada a tendência à mundialização de um modo urbano de produção social.

Pela literatura, podem-se observar alguns aspectos marcantes da caracterização dos jovens. Alguns podem ser colocados como referentes a alguma espacialidade definida, local ou mesmo global, outros podem ser entendidos como mais universais, tomando-se o cuidado para usar esse conceito sempre da perspectiva da sua relatividade e historicidade. De todo modo, não se pode falar em juventude no singular, melhor é referir-se a "juventudes" e a "culturas juvenis", para realçar sua diversidade e sua base social, não natural ou biológica. Entre as características mais universais, mais permanentes, pode ser apontada a propensão a negar a tradição e a buscar o novo, própria de uma nova geração da humanidade, que tem a responsabilidade histórica de delinear novos caminhos. Sobre esse tema, Canclini (2009, p. 117) faz uma observação, interessante ao alertar sobre os cuidados na generalização de traços juvenis:

---

4. Essa é uma linha de trabalho que tenho desenvolvido nos últimos anos, que resultou na publicação do texto Cavalcanti 2011a e em Cavalcanti 2009b, entre outros, além de orientações de mestrado e doutorado com essa temática.
5. Não se pretende tomar esse critério etário rigidamente, pois sabe-se que há uma tendência a se ampliar essa "condição" na sociedade atual, sendo possível falar de jovens com idade bem superior a essa faixa.

Sem deixar de prestar atenção à heterogeneidade, é legítimo pensar nos jovens globalmente, não somente pelo que são, mas pelo que ainda não são. Um traço que evidentemente unifica – sem igualar – quem agora tem, digamos, entre 12 e 29 anos, é que eles serão a população adulta, constituirão o México ou o Brasil, nos próximos 10 a 50 anos. Quando indagamos o que está ocorrendo com "os jovens", estamos antecipando como será o país nas próximas décadas. (Tradução minha)

A observação do autor dá uma ideia de que a formação dos jovens tem papel relevante no destino da sociedade. É relevante que o professor considere que seus alunos (na maioria jovens) serão a população adulta do país (e do mundo) dos próximos anos, na sua complexidade, na sua diversidade.

Os jovens do mundo contemporâneo se caracterizam também, conforme se pode deduzir das análises de profissionais como psicólogos, psicanalistas, sociólogos, educadores, pelos seguintes aspectos: forte relação com os meios de comunicação e informação; fascínio por imagens e movimentos; adesão acentuada à sociedade de consumo; valorização do prazer individual e imediato; individualismo; valorização da liberdade, em todos os aspectos; insegurança quanto ao futuro.

Com essas características (entre outras), esses sujeitos sociais vivem seu dia a dia na busca de identificação, baseados em sentimentos de pertencimento e de afeto nos grupos dos quais participam e na constituição de redes em suas práticas cotidianas. Para esses processos de identificação, o consumo ganha relevância, favorecendo a marcação simbólica de diferenças e de distinção, para além simplesmente de adesão ao mundo de mercadorias. Essa é uma das razões do grande atrativo que exercem, por exemplo, inúmeros objetos de consumo (por isso mesmo, objetos de consumo de jovens são tão explorados no mundo do comércio), como todo um conjunto de artefatos tecnológicos, roupas e acessórios de marcas que estão na moda, programações culturais em voga, linguagem e estilos musicais, entre outros. O desejo de consumir esses objetos não está ligado obrigatoriamente ao aspecto material em si, mas, sobretudo, ao que representam simbolicamente para identificar quem os usa, como os utiliza, o que faz quando está "consumindo" esses objetos e o que os outros fazem com quem os usa. São, portanto, parte de sua cultura, pois, ao construírem suas identidades, em tempos, lugares e com objetos específicos, os jovens também estão construindo culturas. Suas práticas são plenas de significados, são culturais, revelam seus desejos, expressam seus valores. São maneiras que encontram de interpretar e manifestar suas próprias concepções de mundo, de vida, de lugar, de espaço.

Esse tema da juventude, ou melhor, das juventudes e de suas culturas, deve ser incluído como elemento da formação docente, tanto inicialmente, nas disciplinas diversas dos cursos, como na formação continuada, nos momentos de planejar e avaliar os processos de ensino das diferentes disciplinas escolares e de elaboração do projeto político-pedagógico. A discussão dele decorrente tem a função de permitir ao professor compreender o aluno concretamente, em sua diversidade, em suas contradições e em sua complexidade. A reflexão sobre suas características ajuda o professor a se relacionar com cada aluno que "entra" em sua classe, como sujeito único e como segmento social, como pessoas portadoras de culturas, de elementos culturais "mesclados", por vezes contraditórios, que devem ser levados em conta, por exemplo, nos processos avaliativos.

No caso específico do professor de geografia, para além de compreender o jovem nos aspectos gerais, como os aqui delineados, é importante, sobretudo, compreender suas práticas espaciais, pois elas são produtoras de geografia. Na concepção crítica do ensino, como já foi dito, os conteúdos geográficos trabalhados em sala de aula devem ter significado para os alunos, devem servir para sua compreensão do mundo e de seu lugar no mundo. Para isso, é de grande valia conhecer suas experiências geográficas, seus conhecimentos empíricos nessa área, para problematizá-los, propiciando, assim, motivações para o estudo e para o avanço de seus saberes. Esses sujeitos sociais têm um conhecimento espacial, como cidadãos e sujeitos em busca de identificações, produzem uma "geografia", particularmente nos espaços da cidade. Essa "geografia", ao ser integrada ao currículo da escola, no intuito de motivar os alunos, de fazer ligações com os conteúdos apresentados pela escola, contribui para a responsabilidade do trabalho docente de intervir nos motivos e nos interesses pessoais dos alunos, a fim de, ao mobilizá-los, mediar os processos de reflexão.

No trabalho docente cotidiano, há de se estabelecer com os alunos um diálogo com base no respeito aos diferentes sujeitos, com direcionamento do professor. Cabe a ele propiciar momentos de discussão sobre as práticas, os comportamentos e os valores dos jovens e de seus grupos, sua positividade no sentido de expressar caminhos diversos para a vida cotidiana, e seus perigos quando realizam práticas preconceituosas, excludentes, violentas. Portanto, é papel do professor estabelecer relações cognitivas, afetivas e sociais com os jovens escolares, visando à formação de conceitos abrangentes sobre a espacialidade contemporânea, com a contribuição dos conhecimentos veiculados pela geografia escolar.

A espacialidade dos jovens nas cidades contemporâneas

Na busca de melhor compreensão das juventudes contemporâneas, além de atentar para sua pluralidade e para seus processos de identificação cultural, variados, efêmeros, enredados, muitos estudiosos têm escolhido as territorialidades como eixos de sua constituição e de suas práticas. Essa linha de estudos requer, como alertam Cardoso e Neto (2011) e Neto (2011), maior precisão de conceitos como lugar, lugar-local, relação global-local, território e territorialidade, desterritorialização-reterritorialização e espaço.

Os jovens, ao circular pela cidade em grupos identitários, expressam em seus comportamentos e práticas leituras e escrituras de suas próprias vidas e de suas concepções sobre elas. Segundo Oliveira (2007), os jovens usam seus corpos e a cidade para realizar essas leituras e escrituras, assim, o modo pelo qual percebem o mundo, a cidade e a si próprios está inscrito nos seus corpos e nos espaços da cidade. As técnicas usadas no corpo, como grafismos, adereços, cores e cortes de cabelo são elementos que, articulados, definem um grupo e o identificam; da mesma forma, a apropriação, a ocupação e a produção de marcas na cidade (como pichações e grafites, movimentos, reuniões políticas, religiosas ou de lazer, manifestações artísticas de música e dança) também são importantes nesse processo de identificação Os jovens participam, assim, das práticas espaciais constituidoras de territórios. E as cidades são espaços propícios para a formação de diferentes territórios em seus inúmeros pedaços, partes, lugares, onde esses sujeitos sociais podem se agrupar e realizar suas práticas e seus processos de identificação, formando relações com outras partes da própria cidade ou de outros lugares, num jogo multiescalar de territorialidades. Assim acontece com os diferentes grupos conhecidos de jovens, como *hip-hop*, *funk*, grupos religiosos, torcidas de futebol, que resultam de práticas de grupos com vinculações em redes, em grande parte virtuais, às vezes globais, mas que se delineiam no cotidiano dos territórios por eles constituídos nos locais.

Alguns geógrafos têm contribuído significativamente para a reflexão sobre essas práticas, como Haesbaert (2005), Saquet (2009) e Souza (1995), salientando os conceitos de território e de territorialidade. Eles destacam aspectos diferentes do conceito e dos territórios analisados, mas convergem no entendimento de que, no mundo da chamada globalização, não se pode falar de desterritorialização, mas de múltiplas territorialidades, flexíveis, tecidas na trama multiescalar de relações sociais, de redes, de nós. Esse conceito de território vinculado às relações de poder, à estratégia de grupos sociais, mobilizado em contextos históricos e geográficos determinados, na produção de identidades e de lugares, no controle do espaço, ajuda a compreender as práticas espaciais de jovens escolares.

Os jovens são agentes do processo de produção e reprodução do espaço urbano, pois em seu cotidiano fazem parte dos fluxos, dos deslocamentos, da construção de territórios, criam demandas, compõem paisagens, imprimem identidades e dão movimento aos lugares. Essa produção/reprodução se articula a diferentes modos de inserção desses jovens, dependendo de condição socioeconômica, gênero, etnia, raça, opção religiosa, orientação sexual e de sua vinculação a diversos grupos ou "tribos" mais específicos. De diferentes maneiras, buscam constituir seus lugares em espaços públicos ou privados, na rua, no clube, na praça, nos bares, na escola, imprimindo neles suas marcas.

É nessa teia que os jovens constituem suas múltiplas identidades (Hall 1997). Num movimento dialético com a cidade, transformam-na e transformam-se constantemente, produzem espacialidades ao se produzirem, produzem e consomem culturas, produzem e consomem a cidade, constroem suas identidades e sua subjetividade com as condições dadas pela espacialidade urbana instituída e dominante, transformando-a em determinadas condições objetivas. Com práticas nômades (Almeida e Tracy 2003), marcam sua presença, enfrentam a segregação social, circulam e ocupam os espaços públicos, com as condições objetivas e subjetivas de existência. A respeito de problemas com os jovens de camadas mais pobres da sociedade, Catani e Gilioli (2008) apontam a inexistência de espaços públicos a eles especificamente destinados, por isso, segundo os autores, as gangues e as outras "tribos" urbanas podem ser consideradas estratégias de viabilizar espaços organizados de socialização. As demandas por espaços públicos em bairros da cidade onde vivem as pessoas de menor poder aquisitivo são maiores, se se considera que, neles, a sociabilidade de jovens é mais recorrente.[6] Esses autores chamam a atenção para o caso brasileiro (mas que não é exclusivo), no qual há grande diferença entre os jovens em melhores condições econômicas, no que diz respeito ao acesso à educação e a bens culturais, e os mais pobres, que "dependem de um ensino público com deficiências graves e que têm de abandonar os estudos devido à maternidade precoce ou à necessidade de trabalhar para o sustento próprio e da família" (*ibid.*, p. 103).

---

6. Atesta essa afirmação, por exemplo, a pesquisa de Cassab e Silva (2011, pp. 10-11). Segundo apontam esses autores, o estudo reforçou a centralidade do espaço público na socialização dos jovens pobres: "Para esses, muito mais do que para os jovens de renda média e alta, a rua é o lugar onde se estabelecem suas redes de relações sociais, onde eles se reconhecem com e no outro, sentindo-se pertencentes a um determinado grupo social. É assim que, quando usadas para o encontro e convivência, as ruas e praças dos bairros de classe baixa constituem-se como verdadeiros espaços públicos". Também confirma essa ideia a constatação da importância que têm para os jovens as praças públicas e as feiras noturnas que acontecem nas ruas de grandes cidades (Cavalcanti 2008).

Também Canclini fala em diversidade da condição juvenil. Para isso, faz referência a uma publicação de Rossana Reguillo (*apud* Canclini 2009, pp. 116-117), que, a par de apresentar heterogeneidades de gênero, classe e instâncias de inclusão (mercado de trabalho, consumo), assinala uma desigualdade importante:

> Existem claramente duas juventudes: uma, maioritária, precarizada, desconectada não só do que se denomina sociedade rede ou sociedade da informação, mas também desconectada ou desafiliada das instituições e dos sistemas de seguridade (educação, saúde, trabalho, seguridade), sobrevivendo apenas com o mínimo; e outra minoritária, conectada, incorporada aos circuitos e às instituições de seguridade e em condições de escolher. (Tradução minha)

Essa desigualdade não pode ser negligenciada quando se analisam as práticas de jovens e a espacialidade urbana, ainda que se considere que ela não é a única clivagem a ser feita nessa análise. A produção geográfica contemporânea, nessa direção, tem apontado para a busca de diferentes dimensões para compreender a dinâmica urbana e, com efeito, na especificidade das práticas de jovens, compreende-se que de diferentes maneiras grupos desiguais fazem sua leitura da cidade e, ao mesmo tempo, marcam a cidade, escrevem na cidade, inscrevem-se nela, utilizam-se dela, ou seja, eles são responsáveis por uma parte da produção da paisagem, dos lugares, dos territórios e do espaço urbano.

Segundo Oliveira (2007), nas últimas décadas, as grandes cidades passam a ter regiões inteiras ocupadas por jovens que as transformam em espaços de lazer e de vida noturna, onde podem desfrutar de certa liberdade, onde podem se encontrar para, na rua, festejar e interagir: "Nas esquinas se encontram, apropriam-se de território, constroem sua identidade, deixam suas marcas, explicitam suas idéias, exercitam a sensibilidade estética, ocupam a cidade" (pp. 67-68). Dando destaque para as marcas produzidas por pichações e grafites, afirma que essa é uma maneira de apropriação ilegal de vias de fluxo, de áreas centrais, resultando, assim, em espalhamento de "assinaturas" pela cidade, que se transformam em "personagens urbanos" que dizem "eu existo", "eu circulo pela cidade", "esta cidade também é minha".

A geografia que se ensina consegue motivar os jovens escolares? A vida cotidiana dos jovens e a espacialidade urbana: Um recorte relevante para a prática cidadã

Na literatura, há indicações suficientes para afirmar que as dificuldades de tornar o ensino de geografia propiciador de aprendizagens significativas têm uma relação, não direta, mas efetiva, com o desafio de motivar os alunos. Muito se diz, para ajudar a enfrentar esse desafio, sobre as adaptações da escola, dos ritmos e dos modos de encaminhar as atividades de sala de aula. Entre essas adaptações, sem dúvida, estão as ações para lidar com a linguagem dos jovens e com a maior presença de seus artefatos tecnológicos (celular, iPhone, mp3, mp4, *tablet*, entre outros). Nesse sentido, os professores procuram acompanhar essa linguagem, conhecer suas formas de manifestação em músicas, danças e filmes, e também procuram conviver com as navegações dos alunos pela internet, em diferentes redes sociais: torpedos, MSN, *blogs*, Facebook, Twitter. Tudo isso é relevante para identificar elementos de motivação dos jovens e para estabelecer os vínculos da escola e do ensino de geografia com esses elementos. No entanto, a tarefa da escola é promover o desenvolvimento intelectual dos alunos por meio dos conteúdos que veicula. Assim, o centro da preocupação com a motivação dos alunos é identificar esses elementos *nos conteúdos*, mais que nas formas. É por essa razão que a compreensão da espacialidade como um componente do mundo cotidiano dos jovens ganha relevância, pois revela o caráter potencializador daquela motivação. Pode-se supor que, independentemente da diversidade presente na sociedade contemporânea, os jovens, ao entrar nos espaços escolares de qualquer lugar, são portadores dessa espacialidade; por isso, quando professores de geografia ensinam sobre aspectos da espacialidade geral, estão falando da história dos sujeitos que a configuram, de alguma maneira, estão falando dos próprios jovens, seus alunos. Essa me parece ser a via pela qual se pode demonstrar o aspecto motivador dos conteúdos geográficos: eles ajudam os jovens a compreender sua vida, seu mundo e seu lugar no mundo. As outras formas de motivação são estratégias que podem abrir espaços momentâneos e/ou pontuais para que os alunos se envolvam nas atividades, mas não garantem um envolvimento real, cognitivo com os temas trabalhados.

Entre as motivações dos jovens está a de falar sobre sua vida, suas práticas rotineiras, suas percepções e seus valores. Nessa fala, estão certamente expressos os conhecimentos cotidianos sobre o espaço (conforme entendimento de Vygotsky 1984). Estes são parte dos processos de ensino e aprendizagem que ocorrem na escola com a mediação do professor. Nessa linha, os professores incluem em seu trabalho as concepções de jovens sobre seu bairro, sobre seus lugares de vida cotidiana, sobre sua cidade.

Ao se apropriar de locais da cidade, os jovens os transformam em territórios identificados, partilhados por grupos com a mesma identificação. Essa é, portanto, uma característica relevante a ser considerada na escola: o processo de constituição da subjetividade dos jovens ocorre, em grande parte, como intersubjetividade e requer uma prática espacial que resulte em territorialidades. É importante atentar para o fato de que as práticas identitárias de jovens têm como uma de suas características a "negação" das normas de instituições como a escola. Nesse exercício de negação, os jovens produzem seu espaço vivido (mesmo nos territórios instituídos na própria escola), carregado de vivências gregárias, intersubjetivas e formadoras de territórios (a começar por seus corpos). O "conteúdo" desse espaço pode ser denominado *cultura geográfica de jovens escolares*. Essa cultura pode ser objeto de estudo nessa escola, como estratégia para "quebrar" um antagonismo muitas vezes já estabelecido por eles em relação à instituição e para potencializar suas motivações.

Os professores podem, então, propiciar a discussão sobre as práticas dos jovens, para aproximar conhecimentos, condutas, no intuito de ampliar seu conceito e suas informações sobre os lugares, identificando e caracterizando os territórios que eles formam, os valores e as regras que seguem nesse território, considerando suas práticas espaciais urbanas práticas cidadãs, que têm o sentido da copresença, do interesse público, do compartilhamento de demandas diversas com os diferentes segmentos sociais, em detrimento de pautas individuais e particularizadas. Nessa proposta, podem explorar conceitos considerados atualmente bastante importantes na ciência geográfica, voltada para a análise das espacialidades urbanas, como: território, territorialidade, desterritorialização-reterritorialização, lugares, não lugares, culturas, ambiente, paisagem, centralidade urbana, segregação urbana, espaços valorizados, deteriorados, inovações no espaço, agentes da produção do espaço.

Assim, as diferentes experiências de vida dos alunos, experiências espaciais, imaginários geográficos, lugares de vivência, que advêm de uma série de fatores, como classe social, gênero, raça, etnia, sexualidade, religião, idade, linguagem, origem geográfica, são parte do currículo a ser praticado pela geografia escolar. Se a tarefa do ensino é tornar os conteúdos veiculados objetos de conhecimento para o aluno, e só se pode fazer isso se eles se tornarem objeto de seu interesse, é preciso dialogar com ele e refletir sobre a contribuição da geografia em sua vida. É também necessário não perder de vista a importância desse conteúdo para uma análise crítica da realidade social e natural mais ampla, daí contemplando a diversidade da experiência dos homens na produção do espaço global e dos espaços locais.

A escola, o bairro e o cotidiano juvenil: Temas da geografia?

Estudos realizados nessa linha (Cavalcanti 2008; 2009a; 2011a) têm articulado o ensino de geografia à formação para a vida urbana cidadã. Essa orientação destaca alguns princípios para fundamentar concepções e práticas referentes à cidade:

- *A cidade é um espaço público* – esse pressuposto leva a pensar que seus arranjos devem ser, ao longo do tempo, produzidos para que seus diferentes habitantes possam praticar a vida em comum, compartilhando desejos, necessidades, problemas cotidianos. Para a compreensão dessa perspectiva da cidade, é relevante conhecer seus usos, sua dinâmica, seus territórios e as apropriações dos territórios, os agentes dessas apropriações, as motivações desses agentes, os sujeitos sociais e suas práticas espaciais (como tem sido demonstrado no texto). Tal compreensão, que engloba o conhecimento da relação da cidade com seus cidadãos, mas também de seus cidadãos com sua cidade e com os lugares da cidade (seus bairros, por exemplo), é importante para a gestão da vida urbana, com o propósito de sua organização e produção, a fim de viabilizar as atividades cotidianas que realizam individual e coletivamente esses cidadãos.

- *A cidade é um espaço educador* – ela não só reúne agentes educativos, ela mesma é um agente educativo. Seu arranjo, sua configuração é, em si mesmo, um espaço educativo; ele forma valores, comportamentos, ele informa com sua espacialidade, com seus sinais, com suas imagens, com sua escrita. Seus espaços comuns, de usos e funções múltiplos, são resultantes de uma intencionalidade no modo pelo qual se apresentam aos seus habitantes e acarretam resultados nos valores, nos comportamentos e nos conhecimentos desses habitantes. Tome-se, por exemplo, a decisão legal de definição de faixas de pedestres em cruzamentos de vias com acentuado movimento – *um ato da gestão urbana* – e seus resultados do ponto de vista de mudanças de comportamentos práticos (dos condutores de veículos e dos pedestres) e de concepções sobre direitos e deveres dos diferentes tipos de sujeitos na dinâmica urbana – *um ato educador*.

- *A cidade é lugar de exercício da cidadania* – ela é um conteúdo a ser apreendido por seus habitantes, para que eles compreendam suas possibilidades para a vida de todos e de cada segmento, para que lutem por seus direitos individuais e coletivos, para que pautem suas demandas, para que discutam seus direitos para além das formalidades, como históricos e sociais. Os movimentos reivindicatórios de grupos de jovens em cidades de diferentes países, como os citados no início desse texto são exemplos desse exercício. As possibilidades do exercício consciente, crítico, pleno e ativo da cidadania estão ligadas à compreensão das lógicas que se entrecruzam na estruturação dos espaços urbanos, o que, por sua vez, depende da formação desse sujeito.

- *A cidade é conteúdo geográfico essencial para a tarefa de formar para a cidadania* – a perspectiva da análise da relação entre cidadania e cidade está voltada para a preocupação de formar uma cidadania para a potencialidade da vida na cidade, para o exercício do direito à cidade. Faz parte desse projeto educativo o desenvolvimento de capacidades e habilidades para que as pessoas possam viver de forma mais plena na cidade, usufruindo de seus benefícios, para além das possibilidades restritas ao lugar onde vivem em seu cotidiano imediato e ao direito aos benefícios básicos da sobrevivência. A educação geográfica para a vida urbana com participação cidadã entende que cidadão é um sujeito da política urbana, pois ele se faz cidadão também pela sua inclusão ativa na vida e gestão da cidade.

Com esses pressupostos, podem-se pensar projetos democráticos de gestão participativa das cidades, contemplando princípios de uma cidade educadora, com suas agências voltadas para a educação de seus cidadãos. A escola tem, também, uma grande possibilidade de realizar essa formação, pois é um território compartilhado, coletivo, onde são possíveis experiências de intercâmbio e de relações sociais diversas. Nesse espaço, os vários sujeitos buscam realizar suas atividades diárias baseados em um projeto político-pedagógico discutido e definido coletivamente, voltado para a formação cotidiana dos alunos. Por meio do ensino de suas disciplinas, essa formação cidadã pode ocorrer, como no caso da geografia, que lida diretamente com o tema da cidade. Por meio de suas atividades de ensino e aprendizagem, é possível circular informações sobre o espaço urbano em sua complexidade e sobre a responsabilidade da participação do cidadão na produção desse espaço.

Em termos gerais, há um consenso sobre o papel da escola na formação da cidadania. No entanto, é preciso que sejam feitos investimentos teóricos e práticos para que se entenda melhor a especificidade desse papel e o próprio conceito de cidadão. Um desses investimentos, parece-me, é a realização de atividades da escola voltadas à vida urbana cidadã, colocando-se como parceira na gestão urbana, com participação nos projetos de planejamento e gestão urbanos. O trabalho escolar, voltado para formar pessoas para a participação efetiva nas decisões concernentes aos destinos da cidade, articulado a setores da gestão urbana, parece ser ainda pouco sistemático e pontual. Como isso é possível? Organizando projetos que identifiquem e discutam expectativas e representações que os alunos tenham em relação à cidade, exercitando práticas cidadãs de organização coletiva com pautas definidas e propiciando canais de participação efetiva desse grupo de cidadãos na gestão da sua cidade.

Nesse sentido, a prática do ensino de geografia requer conhecer melhor as relações dos cidadãos com sua cidade, através de seu bairro, assim como conhecer as propostas e as práticas de gestão da cidade referentes ao cotidiano dos alunos na cidade e no bairro. Trata-se de envolver os alunos em temas de seu interesse mais imediato, voltados para suas práticas espaciais dentro e fora da escola, colocando, no entanto, a escola em ligação direta com a gestão urbana.

Uma educação geográfica para a vida urbana cidadã deve levar em conta os interesses, as atitudes e as necessidades individuais e sociais dos alunos. Para que os alunos entendam os espaços de sua vida cotidiana, é necessário que aprendam a olhar, ao mesmo tempo, para um contexto mais amplo e global, do qual todos fazem parte, e para os elementos que caracterizam e distinguem seu contexto local. Para atingir os objetivos dessa educação, deve-se levar em consideração, portanto, o local, o lugar do aluno, mas visando propiciar a construção pelo aluno de um quadro de referências geral que lhe permita fazer análises críticas desse lugar. Considerando que esse lugar em grande parte das vezes é o lugar urbano e o bairro onde mora ou o bairro da escola, destacam-se tais temas como necessários para o ensino de geografia.

Várias são as possibilidades de trabalho escolar com esse intuito, que requer tratamento interdisciplinar, requer a formação de um sistema amplo de conceitos, a aquisição de muita informação e o desenvolvimento de uma série de capacidades e habilidades. Porém, a contribuição da geografia é relevante, já que essa ciência lida com alguns conceitos e um sistema de conceitos que esclarecem muito dos processos de estruturação do espaço urbano.

Entre as possibilidades desse trabalho, podem-se elencar vários projetos de ensino que tenham como foco o bairro da escola. Esse bairro (ou os bairros onde vivem os alunos, dependendo das condições de trabalho e do contexto do grupo) é um objeto de estudo por se constituir em lugar da experiência empírica dos alunos: ao transitar por ele, ao ter acesso à escola, ao usar os lugares públicos de suas imediações, ao consumir nesses lugares ou ao se reunir ali, nas proximidades da escola, independentemente de serem habitantes do bairro, constroem familiaridade com ele, vivem ali, em grupos, seus processos de identificação, constituem territórios, deles se apropriam e lutam por eles.

Os projetos temáticos serão diferentes – a qualidade ambiental do bairro, a dinâmica econômica, a moradia, o perfil dos moradores, a mobilidade e o deslocamento dos habitantes, os serviços e equipamentos coletivos –, porém, vários deles podem ter como ponto de partida a problematização do bairro da escola, direcionando as questões para esses lugares, induzindo ou conduzindo os olhares para uma observação atenta e indagadora. A partir daí, ao professor cabe conduzir os trabalhos, orientando uma investigação mais sistematizada no bairro, em suas ruas, em seus espaços livres, com a preparação de entrevistas, questionários, fotografias, mapas, vídeos. A investigação sistemática, com a problematização orientadora, provoca um envolvimento mais autêntico dos alunos, pois eles fazem parte diretamente do que estão estudando. Com esse envolvimento, pode ter maior interesse para eles o aprendizado de aspectos da ciência geográfica que os auxiliem a responder às próprias questões. Ao final, é possível adotar como meta a tomada de posição sobre os problemas desse lugar estudado, levantando possíveis alternativas para melhor enfrentá-los do ponto de vista dos interesses de seus habitantes e frequentadores.

Enfim, são tentativas de superar os impasses de professores e gestores escolares diante dos "comportamentos" de boa parte dos alunos – jovens escolares desmotivados, indisciplinados, violentos, desrespeitosos. Eles sabem que, por um lado, essa é uma realidade já relatada em vários contextos, confirmando uma realidade complexa, que coloca desafios à instituição escolar. Por outro lado, a dificuldade de atribuir significados à escola, para os alunos, é maior, pelos relatos que se referem a suas articulações em outros lugares e na rua, que revelam outras motivações dos jovens, como os movimentos de cunho político mencionados no início do texto. Algumas experiências alternativas às escolas mais convencionais ensinam que não basta manter os jovens dentro dos muros da escola, é necessário que ali eles possam vivenciar seu processo de identificação, individual e em grupos, sendo respeitados nesse processo e reconhecendo as vinculações de sua espacialidade, de sua cultura, com o currículo escolar, com os conteúdos das disciplinas, com os conteúdos da geografia, com o cotidiano da sala de aula e de todo o espaço escolar.

6
CONCEPÇÕES TEÓRICO-METODOLÓGICAS E DOCÊNCIA DA GEOGRAFIA NO MUNDO CONTEMPORÂNEO

O contato com professores da educação básica, por meio de atividades integradas ou em seus depoimentos em investigações divulgadas nos ambientes acadêmicos, tem permitido compreender melhor suas práticas em busca do cumprimento das exigências profissionais. Há evidências de que muitos professores estão permanentemente procurando novas e diferentes formas de trabalhar e ensinar; novos materiais, novos recursos; novas metodologias. No entanto, há também indicativos de que os professores, e os diferentes agentes educativos da escola, têm pouco espaço e pouco tempo em sua jornada de trabalho para encontros coletivos e colaborativos entre si, visando à reflexão sobre essas buscas, no sentido de detectar seus maiores desafios, dificuldades e também suas conquistas.

Efetivamente, esses momentos, que podem ser considerados de formação continuada, são muito relevantes no exercício profissional. Neles, questões a respeito dos desafios do trabalho docente no mundo contemporâneo são pertinentes para direcionar as reflexões e o aprofundamento teórico dos professores, como as que se seguem: como estão sendo realizadas as experiências práticas com o ensino de geografia nos diferentes níveis do ensino? Que avanços podem ser identificados atualmente no exercício profissional dos professores? Em que se baseiam teórica e praticamente as experiências bem-sucedidas no ensino? Que concepções as orientam? Como os professores têm organizado o trabalho com os conteúdos geográficos para que possam cumprir melhor as demandas sociais de formação escolar para a cidadania?

Este capítulo, a propósito dessas questões, visa contribuir para essa reflexão, sistematizando entendimentos sobre o trabalho docente em geografia, a fim de apontar possibilidades de práticas escolares que resultem em aprendizagens mais efetivas e significativas, com base em concepções teóricas que orientem esse trabalho. O caminho argumentativo escolhido é o de preconizar a compreensão dessa área do conhecimento como a leitura da dimensão espacial da realidade, sustentando que isso tem implicações na seleção e na abordagem dos conteúdos de ensino e finalizando com a defesa de que aprender um conteúdo tem a função de contribuir para o desenvolvimento de processos mentais. Essas premissas, uma vez interiorizadas, marcam os "contornos" de uma proposta de ensino, em seus momentos de planejamento, realização e avaliação, como se pretende demonstrar na última parte do capítulo.

A geografia escolar é uma leitura da realidade, não um "amontoado de tópicos" de conteúdo

É bastante comum ouvir professores ou estudantes de licenciatura, sobretudo os estagiários, questionarem sobre que geografia ensinar, que conteúdos são prioritários, ou como selecionar os tópicos mais relevantes no conjunto do currículo escolar. Evidentemente, não existem respostas únicas a essas questões, pois elas são polêmicas e responder a elas depende de orientações teóricas sobre temas amplos a respeito do papel da educação e das disciplinas escolares. Mais ainda, as respostas dependem de escolhas teórico-metodológicas sobre a geografia como saber científico e sobre sua contribuição social. Justamente por faltarem esses elementos, muitas vezes as discussões em torno da relevância de conteúdos tomados isoladamente são motivadas por opiniões superficiais ou corporativas, do tipo que sinaliza para temas "de moda" ou mesmo evidencia preferências subjetivas de sujeitos ou grupo de sujeitos. Com o apoio dessa orientação, afirma-se que os professores de geografia, preocupados com seus processos formativos, na modalidade inicial ou continuada, não podem se furtar a fazer essas indagações, pois seus desdobramentos podem desencadear discussões e ideias sobre os fundamentos que orientam ou podem orientar o trabalho docente.

Para encaminhar a reflexão, pode-se partir de seu oposto, procurando entender o que não é relevante no conjunto do currículo ou, em outras palavras, que conteúdos geográficos não são prioritários. Parece que, nesse caso, a dificuldade de encontrar tais soluções não é menor, a julgar pelas indicações recorrentes de que os professores, para definição dos conteúdos a ensinar, seguem muito de perto o que está estabelecido no livro didático ou nos programas curriculares da escola ou das secretarias de ensino, o que poderia ser interpretado como dificuldade de estabelecer o que é importante nos conteúdos e também o que é acessório ou secundário.

Os livros didáticos e outros materiais de apoio ao professor, em princípio, têm uma proposta de temas a serem trabalhados de modo articulado e sequencial, em cada um dos anos escolares, coerentemente com os pressupostos teóricos e metodológicos do autor ou dos autores, que, por sua vez, procuram seguir, na maioria dos casos, as orientações curriculares da política oficial. Mas essa proposta, tal qual está explicitada nos materiais e textos didáticos, não serve necessariamente ao professor ou ao aluno. Tendo em vista que esses recursos são encaminhados às escolas e aos professores, ou são por eles adotados, como suporte ao trabalho escolar, eles devem estar próximos da proposta dos professores da escola, não são materiais para serem seguidos à risca ou materiais definidores do trabalho a ser realizado. No âmbito das investigações didáticas, muito se tem alertado sobre os limites de um ensino, não só da geografia, mas de qualquer disciplina, que se estruture diretamente sobre prescrições curriculares oficiais. Como resultado das investigações, recomenda-se que os professores as usem com autonomia e distanciamento, a fim de que elas sirvam para apoiar o trabalho, não para defini-lo.

Neste ponto, é pertinente questionar: como pode o professor ter uma relação de independência com o material de orientação de conteúdo? Um caminho mais seguro para compreender qual geografia é importante ensinar e, consequentemente, lograr uma relação de autonomia diante de orientações externas sobre conteúdo, é partir de um entendimento dos objetivos da geografia escolar. Trata-se de elaborar com a maior clareza possível uma ponderação sobre uma antiga e recorrente indagação: para que serve a geografia? Para além de discursos sobre esse tema, formulados por teóricos da área, é necessário ao professor se apropriar das explicações que lhe parecerem mais adequadas, por serem carregadas do sentido que direciona seu trabalho, por estarem aclarando suas dúvidas e por apontarem caminhos que viabilizem o cumprimento dos seus objetivos. Essa formulação mais clara sobre as razões que justificam a presença dos conhecimentos geográficos nos conteúdos obrigatórios da escolarização básica contribui para construir convicções sobre que geografia ensinar, pois é ela que permite a articulação entre temas de conteúdos, fazendo com que, para além de um "amontoado" de tópicos, a geografia escolar se estruture em torno de um eixo teórico. Essa possibilidade de dar sentido à geografia, por sua vez, orienta o professor na tarefa de estabelecer prioridades e modos de abordar o conteúdo.

Em razão de ser um dos fundamentos teóricos mais relevantes para o trabalho docente, é necessário investir no entendimento da contribuição da geografia na escolarização básica. Assim, pergunta-se: considerando a dinâmica das políticas e práticas curriculares das últimas décadas no Brasil,[1] por exemplo, o que justifica a permanência dessa área como disciplina escolar, que ajuda na formação geral das pessoas?

Primeiramente, é preciso retomar a constatação de que a geografia na escola tem uma longa história, que ultrapassa a história da própria

---

1. Elementos da análise dessas políticas e dessas práticas e da relação entre elas estão em outros capítulos desta publicação (1, 3 e 4).

área científica de referência. Ela tem uma constituição específica, uma lógica própria. Com outras áreas, compõe uma cultura disciplinar peculiar, nutrida pela ciência, mas que não consiste numa derivação linear dela. Esse entendimento é relevante para tomar como pressuposto que a geografia acadêmica e a geografia escolar são duas dimensões interdependentes de "aplicação" do campo científico geográfico, mas com autonomia relativa.[2] Assim, a geografia escolar faz parte do conjunto de conteúdos de uma tradição da prática formativa institucional, e seus conhecimentos, por isso mesmo, são considerados necessários a uma formação básica, antes de tudo, por essa tradição. Muitas vezes, não há um questionamento sobre o que está instituído, mas uma aceitação irrefletida e uma repetição do que está posto tradicionalmente. Questionar, refletir, reafirmar e ressignificar os conteúdos veiculados pela escola, em qualquer um dos níveis de ensino é, nesse sentido, um caminho para abalar o instituído, dando-lhe mais vivacidade, validando aspectos relevantes, excluindo partes de conteúdo, reforçando ou reformulando convicções. Em outras palavras, a reflexão constante sobre as contribuições da geografia para a formação básica, em contextos históricos e sociais específicos, é uma atitude profissional extremamente fecunda para manter seus conteúdos vivos e significativos, para compreender sua relevância para além da tradição e para tomar decisões sobre o que é prioritário e o que é acessório no conjunto de temas a ensinar nessa disciplina. Ao fazer releituras dos clássicos e ao levar em conta as contribuições de especialistas no campo, a afirmação de que a geografia é uma leitura da dimensão espacial da realidade ganha significados e sentidos amplos.

A geografia escolar e a leitura da espacialidade

Na tradição disciplinar, a geografia escolar está encarregada de apresentar aspectos naturais e sociais (associados, inter-relacionados,

---

2. O entendimento que tenho dessa temática está já desenvolvido em outras publicações (cf., por exemplo, Cavalcanti 2006, 2008). Neste livro, está mais detalhado no Capítulo 3.

como se indica atualmente) de diferentes lugares do mundo, "agrupados" de diferentes formas, por regiões, por continentes, para que sejam aprendidos pelos alunos. Para cumprir seus objetivos, como já foi dito, na maioria das vezes, orienta-se por prescrições ou referências curriculares, exteriores ou da própria escola, que preveem um temário que parece ao professor um rol infindável de informações e de considerações que pretendem dar conta da explicação dos aspectos apresentados.

Pensados em sua totalidade, todos esses conteúdos da geografia servem como ponto de partida para ajudar a responder primeiramente a uma das perguntas que é própria da geografia: "onde?".[3] Ou seja, a geografia cumpre uma importante função, que é a de ajudar os alunos a se localizar no mundo e a se informar sobre a localização de "coisas" no mundo. Para isso, vários aspectos, fenômenos, fatos e acontecimentos são apresentados em sua distribuição espacial (ou "locacional", nesse sentido). Assim, apresenta-se para os alunos um fenômeno natural-social, dizendo o que é esse fenômeno e, em seguida (ou pode ser o inverso, não importa), passa-se a demonstrar sua distribuição pelo planeta (daí o recurso ao mapa ou a outras formas de representação). Na continuação, complementa-se essa abordagem do fenômeno explicando por que esse mesmo fenômeno acontece com essa distribuição, ou seja, caminha-se para a outra pergunta tipicamente geográfica: "por que nesse lugar?" Neste ponto, são importantes as considerações sobre o movimento/desenvolvimento do fenômeno em sua dinâmica interna (própria dos aspectos diretamente ligados ao fenômeno) e em sua dinâmica externa (os desdobramentos ou as determinações provenientes de outros aspectos não ligados a ele, mas que nele interferem). Caminhando um pouco mais no estudo do fenômeno, a abordagem incorpora a descrição dos aspectos com que ele se apresenta. A pergunta geográfica mais típica passa a ser: "como é esse lugar?". Neste ponto, interessa aprofundar a compreensão dos lugares, abordando suas particularidades e também sua complexidade.

---

3. Sobre as perguntas que são próprias da geografia, cf. Cavalcanti (2002).

Esse modo de tratar os conteúdos da disciplina escolar, conforme sua construção ao longo da história de inclusão no currículo, o que se faz pela tradição instituída, mas também por sua permanente reconstrução, segue um direcionamento que tem a ver com as questões elencadas como típicas da geografia – Onde? Por que nesse lugar? Como é esse lugar? – ou o caminho pode seguir outra ordem de perguntas, uma vez que esse não é o ponto central. Assim, um tema poderia ser tratado iniciando por perguntar: "como é determinado fenômeno (por exemplo, um terremoto)?". Em seguida, a discussão com os alunos seria orientada por informações sobre onde ele ocorre ou pode ocorrer (onde, no sentido de apontar locais desse fenômeno e também de estabelecer relações com outras localizações a eles relacionadas). Também é pertinente nessa abordagem questionar: "por que ele ocorreu nesse lugar e não em outro?". Direcionar os conteúdos por questionamentos é uma abordagem peculiar, que difere daquela que apenas apresenta as características de um objeto.

Nesse encaminhamento, não está a preocupação de explorar todos os aspectos do fenômeno, mas está subjacente uma abordagem, um modo de pensar a respeito de algo, um raciocínio, uma maneira de pensar geograficamente, um raciocínio geográfico. Então, por trás dos conteúdos, fundamentando-os e direcionando-os, está a busca de ensinar um caminho metodológico de pensar sobre a realidade, sobre seus diferentes aspectos. Um modo de pensar que é peculiar, que é específico, que tem sido construído por uma área do conhecimento – esse é o objetivo mais geral de apresentar e trabalhar os conteúdos na geografia escolar. Essa afirmação tem a pretensão de salientar um elemento de extrema relevância para a definição de propostas de ensino, pois o que se afirma é que os conteúdos, os temas, são apresentados ao aluno em situações de ensino como meios de ajudá-lo a formar um pensamento peculiar sobre a realidade, na convicção de que esse pensamento contribui para suas práticas sociais. A assimilação/memorização de uma boa quantidade de informações e referências geográficas é condição mínima para o processo de aprendizagem nessa área. No entanto, não se reduz a esse objetivo, pois não se trata de saber estritamente sobre os conteúdos, de caracterizá-los estritamente em sua manifestação empírica. Trata-se de aprender a analisar a realidade em que se vive por meio desses conteúdos, com a contribuição desses conteúdos, que são, nesse caso, tomados como meios, como instrumentos, como ferramentas simbólicas mediadoras da relação do sujeito-aluno com a realidade.

Vale explorar, um pouco mais, a questão daí decorrente: o que se ensina quando se ensina geografia? Um entendimento dessa indagação, na linha aqui defendida, é: ensina-se a observar a realidade e a compreendê-la *com a contribuição dos conteúdos geográficos*. Ensina-se, *por meio dos conteúdos*, a perceber a espacialidade da realidade (que sempre é a realidade da perspectiva do aluno, baseada em sua inserção); ensina-se o aluno a analisar uma das dimensões do real, que é a espacial. As argumentações que subsidiaram essa parte do capítulo podem ser apresentadas da seguinte forma:

- O processo de conhecimento é uma aproximação do sujeito à realidade, com base em uma perspectiva e em mediadores (conteúdos). A geografia, como uma dessas aproximações, é um conjunto de conhecimentos construídos da perspectiva da espacialidade.
- A geografia é um conhecimento da espacialidade. Seu papel é explicitar a espacialidade das práticas sociais.
- As práticas sociais cotidianas são práticas socioespaciais, pois materializam-se em um espaço, estão condicionadas pela espacialidade já construída, têm um componente espacial. Pelos estudos geográficos, é possível compreender a espacialidade das práticas sociais.
- Na construção de conhecimentos geográficos, a categoria mais geral é o espaço (que pode ser entendido como conceito-chave). Valendo-se dele, utilizam-se categorias mais específicas ou conceitos mais específicos, que vão se constituindo no discurso geográfico.

Essas afirmações têm implicações de ordem teórica importantes. Uma delas é que, se se entende que a geografia é uma das áreas da ciência que têm a pretensão de construir uma compreensão do mundo de uma perspectiva, ela é parcelar, ela é limitada. A leitura daí resultante é aproximação da realidade, não é a realidade em si mesma (como, aliás, nenhum conhecimento científico o é). O esforço da geografia é, assim, para ressaltar alguns elementos da realidade (por exemplo, com base em suas questões típicas), fazendo abstrações, compreendendo os nexos e os aspectos que a configuram. Outra implicação dessas afirmações é entender que, historicamente, elaborou-se um discurso científico para explicitar a propriedade da geografia na compreensão do real, que, com a ajuda das teorias construídas, dos artefatos tecnológicos disponíveis e dos instrumentos simbólicos assimilados, tem como ponto central fazer emergir a espacialidade dos fenômenos. A definição de um ponto de vista próprio tem contribuído para unificar e consolidar a investigação, ao passo que as diferenças de fundamentos teórico-metodológicos para a explicação do que vem a ser essa espacialidade são objeto de debates ao longo da história e na atualidade, o que, por seu turno, contribui para o avanço da produção na área. Com efeito, há inúmeros debates no campo da geografia no Brasil, por exemplo, que têm como foco as correntes teóricas, as influências e os métodos presentes nas formulações teóricas e nas investigações temáticas, que norteiam os caminhos metodológicos das investigações e das práticas com o conhecimento geográfico, entre os quais está a prática de ensino.

O debate dos últimos anos tem trazido contribuições efetivas para ampliar e aprofundar as discussões, com desdobramentos diretos na investigação científica e na estrutura da geografia acadêmica (tal como se desenvolve e se realiza nos cursos de graduação e pós-graduação). Na produção geográfica, há diversos textos com o propósito de pontuar os limites dos paradigmas teórico-metodológicos consolidados em sua história e de apontar novos modelos ou reafirmar/retomar matrizes de pensamento consideradas fecundas para orientar a geografia, teórica e metodologicamente, na sua função de compreender a realidade espacial. A esse respeito, é pertinente destacar como referências relevantes os textos de Harvey (2004), Massey (2008), Gomes (2009), Moreira (2009) e Carlos (2005). Na produção mencionada, busca-se evidenciar a insuficiência de uma análise geográfica marcada pelo pensamento empírico e levantam-se as possibilidades abertas para o pensamento crítico.

De fato, a geografia é marcada pela tradição da descrição dos lugares, o que, segundo Gomes (1997), resultou na valorização do elemento visível, levando essa ciência a se interessar pelo empírico e a almejar prescindir da teoria. Boa parte da renovação do pensamento geográfico nas últimas décadas tem como escopo superar o que o autor chama de ilusão do empirismo, justamente pelo entendimento de que a contribuição da geografia não está centrada na descrição de "coisas", mas na produção de uma análise peculiar da espacialidade dessas "coisas". Nessa renovação, porém, é preciso ficar vigilante para, ao buscar escapar do empirismo e objetivismo dominantes, não cair mecanicamente no seu oposto, na análise do subjetivo, do micro, deixando-se seduzir por novas demandas do movimento da realidade, resultando em um tipo de subjetivismo acrítico.

Na teoria geográfica, partindo-se da ferramenta intelectual da espacialidade e das contribuições teórico-críticas, há atualmente uma diversidade de perspectivas da análise geográfica "antiempirista", não se admitindo excluir as dimensões simbólicas, econômicas, sociais, culturais e naturais de configuração do real. Quando se compreende que o real é complexo, composto por elementos subjetivos e objetivos, naturais e sociais, materiais e imateriais, o caminho da análise geográfica é no sentido de aprender as inter-relações desses elementos, sem dicotomias.

Com o propósito de produzir análises mais abertas e plurais, baseadas em diversas matrizes teóricas, alguns autores focam em categorias como paisagem, lugar ou território, que têm sido, ao longo da história dessa ciência, consideradas categorias básicas de seu pensamento. No entanto, é possível identificar a reafirmação da centralidade do espaço em análises geográficas contemporâneas (sobre esse tema conferir, por exemplo, Gomes 2009; Moreira 2009; Harvey 2004; Carlos 2005). O espaço como objeto da análise geográfica é concebido, assim, não como aquele da experiência empírica, não como um objeto em si mesmo, a ser descrito pormenorizadamente; mas como uma abstração, uma construção teórica, uma categoria de análise que permite apreender a dimensão da espacialidade das/nas coisas do mundo. Desse modo, o espaço geográfico é construído intelectualmente, como um produto social e histórico, como ferramenta que permite analisar a realidade. Tanto é assim que, cada vez mais, reafirma-se o conteúdo material e simbólico na totalidade do espaço, tornando-o mais aberto em suas determinações, mais imprevisível nas suas configurações.

E mais, esse cenário das investigações geográficas tem resultado em alterações também no ensino. Nele, as reflexões sobre paradigmas estão na base de muitas propostas de reformulação metodológica, reforçando o argumento anterior de que, quando se ensina algo, o que está sendo ensinado é mais que o conteúdo em si, é também, e até principalmente, um tipo de pensamento, um método de abordar a realidade. Assim, o debate teórico-metodológico no âmbito da ciência geográfica tem repercussões diretas no ensino, não apenas na atualização das informações e dos dados dos conteúdos, mas no sentido do método, desde que não se considere que essa atividade esteja voltada para ensinar com base em alguns princípios técnicos, tópicos temáticos em si mesmos, numa abordagem de viés empirista.

O avanço da reflexão e dos conhecimentos geográficos para superar esse empirismo da tradição da área contribui para colocar novos elementos da reflexão no campo da didática e da metodologia do ensino de geografia. Pode-se argumentar o seguinte: se a ciência geográfica tem buscado uma pluralidade de abordagens do objeto estudado, ao aceitar que elas são sempre subjetivas e dependentes de fundamentos teóricos, ou seja, que conhecimentos científicos são históricos, subjetivos, construídos, e não a reprodução imediata da realidade empírica, no âmbito das práticas de ensino desses conhecimentos, essa compreensão não pode ser desconsiderada. Isso significa dizer que uma maneira de abordar esses conhecimentos com os alunos é apresentá-los como construções humanas e históricas que buscam compreender a realidade por um caminho próprio, que se delineia com a centralidade de uma categoria, de um instrumento mediador dessa construção – o espaço geográfico, ou a espacialidade. Ou seja, no ensino, é também um desafio escapar da ilusão do empirismo e buscar métodos para abordar didaticamente os temas geográficos que possam efetivamente contribuir para o desenvolvimento do pensamento teórico-crítico dos alunos.

No âmbito da produção científica, portanto, têm-se encontrado novos caminhos, novos elementos conceituais para ampliar a contribuição da geografia. De igual forma, no ensino, esses novos elementos são ou deveriam ser constitutivos dos conteúdos escolares, ou seja, ao ensinar os conteúdos, ensina-se – ou se deveria ensinar – também uma maneira de ver o mundo. Ensina-se também o estágio atual e mais validado das análises, das sínteses, das generalizações realizadas por essa área como perspectiva da realidade. É efetivamente em decorrência dessa dinâmica que muitas propostas do campo de ensino são criticadas, renovadas, reformuladas. E esse pressuposto me parece ser um fundamento muito importante para ajudar o professor a encontrar eixos de abordagem do conteúdo e a definir critérios de estruturação e de seleção de conhecimentos, resultando em maior segurança na priorização de alguns conteúdos e de algumas atividades docentes.

Com a incorporação das referências da ciência geográfica, como já foi formulado, e de outras áreas (principalmente da educação e da psicologia), a geografia escolar, nas últimas décadas, sobretudo a partir de 2000, tem apontado algumas abordagens metodológicas para o ensino, presentes de modo recorrente em diversas pesquisas e em artigos de especialistas na área.[4] Nesses trabalhos, há a preocupação de encontrar alternativas para a sala de aula, para os caminhos metodológicos, para o tratamento dos conteúdos, visando à superação da prática empirista. Nessa prática, como já foi explicitado, os professores se dedicam a ensinar os objetos, as coisas, os fatos e os acontecimentos, mas não os processos, não os modos de análise próprios da ciência. Com a intenção de elaborar

---

4. Em textos anteriores (Cavalcanti 2010a; 2010b), apresentei algumas dessas abordagens, identificando suas fontes e suas pesquisas a respeito e apontando aspectos das "recomendações" na área da didática geográfica e da prática do ensino.

melhor o entendimento de um dos pressupostos da abordagem geográfica no ensino, fundamentada teoricamente na linha histórico-crítica e nos estudos de Vygotsky,[5] serão acrescentadas outras ideias sobre o processo de ensino e aprendizagem na próxima parte do capítulo.

Aprender geografia é desenvolver modos de pensar por meio de seus conteúdos, não é saber repetir informações sobre os tópicos estudados

As considerações feitas anteriormente explicitam relações existentes entre a didática e a epistemologia. Essa relação se dá pelo menos por duas razões: a primeira é que a didática é um campo da educação que se ocupa em compreender o processo de ensino e aprendizagem, entendendo que esse processo diz respeito à condução de modos de promover o desenvolvimento do conhecimento do aluno. Ensinar, nessa concepção, é levar alguém a conhecer algo, é conduzir o processo de conhecimento do aluno, em situações delimitadas ao espaço escolar. Essa afirmação implica dizer que o ato de ensinar está ligado ao conhecimento, fundamentado em princípios epistemológicos, como teoria do conhecimento, o que, por sua vez, reforça a necessidade de, no âmbito das investigações da didática da geografia, por exemplo, promover uma discussão teórico-epistemológica consistente sobre o processo de conhecimento, buscando métodos para tratar didaticamente os conteúdos geográficos, para que possam efetivamente contribuir para o desenvolvimento do pensamento teórico-crítico dos alunos. A segunda razão para falar das relações entre epistemologia e didática está no fato de que, conforme foi explorado na primeira parte do capítulo, pela postulação do processo de ensino na linha

---

5. Minha compreensão dessa linha está vinculada basicamente aos estudos dos textos de Vygotsky e de especialistas em sua teoria, com o foco em temas e conceitos relacionados ao processo de ensino e aprendizagem, ao desenvolvimento das funções intelectuais superiores e à formação de conceitos, como está abordado no Capítulo 7 deste livro.

histórico-cultural, ao se ensinar um conteúdo, ensina-se uma maneira de ver o mundo, um modo pelo qual uma área científica se estruturou logicamente e produziu conhecimentos – daí o nexo do didático com o epistemológico, com a teoria da ciência.

Libâneo (2008) postula que a didática é uma disciplina que estuda as relações entre ensino e aprendizagem, integrando outros campos científicos, especialmente a teoria do conhecimento, que investiga métodos gerais dos processos cognitivos. Apoiando-se em Davydov, dentro da teoria histórico-cultural, o autor fala das relações entre a didática e a epistemologia dos saberes específicos, de modo convergente com o que se está defendendo neste capítulo. Em suas argumentações, diz que a aprendizagem na escola está ligada à formação do pensamento teórico do aluno, desenvolvido com base nos conceitos teóricos das disciplinas escolares e mediante o domínio de capacidades e habilidades. Por essa razão, o trabalho do professor voltado para essa aprendizagem deve ser organizado com base no conteúdo da ciência e na metodologia de investigação própria dessa ciência. Nas situações didáticas, são sintetizados os métodos:

> Ensinar uma matéria depende não apenas de métodos didáticos, mas de outros tipos de métodos, como o método científico, os métodos da cognição e os métodos particulares das ciências. A apreensão científica de um objeto de conhecimento implica um método científico, isto é, um método geral do processo de conhecimento (positivista, fenomenológico, dialético, estruturalista...). Implica, também, métodos da cognição que correspondem aos processos internos da aprendizagem e às formas de aprendizagem do aluno, como a observação, a análise, a síntese, a abstração e, ainda, os métodos particulares das ciências que servem de base à investigação e à constituição do campo científico. Somente levando em conta esses três tipos de métodos é que se pode falar em métodos de ensino. (P. 77)

Para seguir na análise da conexão de propostas didáticas de ensino com a compreensão dos processos de conhecimento dos alunos, formulam-se agora as seguintes questões: como o professor de geografia percebe o processo de conhecimento do aluno? Como ele considera que seu aluno aprende? Efetivamente, o que os alunos aprendem quando estudam geografia? Qual a importância de fazer indagações como essas?

Uma demonstração da importância dessas ideias está no questionamento que se pode fazer sobre as possibilidades do trabalho docente: é possível, por meio do ensino, contribuir de fato para os processos intelectuais dos alunos? É possível intervir no seu desenvolvimento intelectual, em seu processo de conhecimento? Essas são questões de ordem epistemológica, pois referem-se ao desafio de compreender a natureza do desenvolvimento do sujeito no processo do conhecimento, para melhor conduzir as situações escolares, para compreender melhor o papel que cabe ao professor nesse processo.

Desenvolvendo a primeira das questões – como o professor de geografia percebe o processo de conhecimento do aluno? –, pode-se afirmar que as visões de como o conhecimento ocorre nos sujeitos dizem respeito à maneira de encaminhar as atividades do ensino.

Um professor que tenha uma concepção positivista-empirista desse processo, realça, como seus componentes, as etapas de caracterização (com base em aspectos objetivos, quantificáveis ou observáveis empiricamente) e discriminação (diferenciação com base em comparação dos aspectos caracterizados) do objeto estudado e de seu sequenciamento, numa lógica que vai do mais simples ao mais complexo ou também do mais próximo ao mais distante. Ao programar uma unidade de ensino, por exemplo, essa concepção orienta o professor na disposição do conteúdo, na solicitação de tarefas para o exercício do aluno, na elaboração de seus instrumentos de avaliação da aprendizagem. Ele seguirá a sequência lógica desse tipo de conhecimento e explorará atividades que proporcionem a memorização de características do objeto.

De outra perspectiva, há o professor que tem uma concepção dialética de conhecimento, processo que tem como marca central o caminho que sai da observação, problematização, constatação, descrição de um objeto empírico para buscar as abstrações desse objeto (no sentido de "extrair" do real partes que o configuram e que têm potencialidade explicativa de seu movimento, de sua dinâmica), construindo-se, com base no pensamento abstrato, generalizações conceituais próprias de um patamar superior de produção do conhecimento sobre o objeto como concreto pensado, articulado teoricamente. Nessa formulação, o conhecimento de um objeto envolve muito mais elementos e processos mentais que o de memorização e reconhecimento de características, pois resulta de uma síntese teórica construída com o trabalho de abstrações e generalizações. O professor com essa concepção não terá como desconsiderá-la nas mediações com o aluno e fará na tessitura de seu método didático a articulação dessa concepção com outras referências, como os aspectos psicológicos e sociológicos que envolvem os sujeitos do conhecimento – os alunos – para os quais sua atividade docente se direciona.

Machado (2009) tem um artigo interessante, que visa ao esclarecimento desse tema. Com esse fim, apresenta imagens possíveis de como o conhecimento se constrói, na compreensão de que as ações docentes, convergindo com o presente texto, derivam de tal imagem. Nesse sentido, as imagens que explora são: o balde, a cadeia, a rede e o *iceberg*; assim explicadas sinteticamente:

> Da perspectiva simplória do conhecer como receber dos mestres a matéria que encherá a *cabeça/balde* dos alunos, partimos para a prestigiada noção cartesiana do conhecer como *encadear logicamente*, e em seguida, aportamos em imagens mais fecundas, como a do conhecimento como uma *rede de significações*, ou a que deriva do fato de que conhecemos muito mais do que somos capazes de explicitar, traduzida pela imagem do conhecimento como um *iceberg* tácito/explícito (...) Nenhuma de tais imagens é desprezível (...) da composição equilibrada de todas elas emergem diversos perfis de atuação: certamente, existem muitas formas distintas de sermos bons professores. Fundamental (é) a construção de uma adequação entre o modo como se pensa e o modo como se age, ou seja, de uma sintonia fina entre o discurso e a ação docente. (P. 166)

Interpretando essas ideias, há diferentes concepções de processo de conhecimento que, de modo mais ou menos consciente, orientam o professor em sua busca de mediar os processos de aprendizagem dos alunos. Nas palavras do autor, nenhuma dessas imagens é desprezível, o que se tem, na prática, é uma composição de todas elas, daí que, do equilíbrio nessa composição, resultariam perfis de bons professores. Porém, a opção por "imagens mais fecundas", segundo o próprio autor, como a da rede ou a do *iceberg*, para simbolizar o fundamento da ação docente, leva a cuidar da abordagem de conteúdos para mediar conhecimento (ou desenvolvimento intelectual), não priorizando o acúmulo de informações e teorias prontas nem o encadeamento lógico linear, que fragmenta, para simplificar a apreensão do objeto, mas buscando incorporar essas etapas na fase primeira do processo, na sua apreensão mais empírica e elementar, no nível do imediato e da sensação, e ultrapassando-as com a problematização da realidade, com os processos de abstração, articulação, construção de teias de significações, a fim de atingir patamares de generalização mais amplos que os que se tinha no início do processo.

Volto a afirmar que o fundamento dessa orientação é o de que, ao ensinar um conteúdo em situações escolares, para promover o desenvolvimento intelectual do aluno, busca-se, com a sua apreensão pura e simples, ensinar um modo de pensar, um modo peculiar de articular os significados dos conteúdos, uma perspectiva de análise do real no campo da ciência. No caso presente, trata-se da perspectiva geográfica. Como já foi apresentado em outra parte, a perspectiva geográfica se delineou ao longo da história com base em alguns pressupostos, com a construção de categorias, com a formulação de teorias que explicam uma dimensão do real, mesmo que se defenda a multidimensionalidade desse real. A construção de métodos didáticos em geografia, conforme também já foi abordado, depende de articulações que o professor é capaz de fazer entre suas concepções de método de conhecimento e os procedimentos cognitivos correlatos em cada situação e os métodos da ciência de referência. Para isso, é necessária uma formação profissional contínua, que tenha como um dos eixos a reflexão teórica sobre os métodos do conhecimento científico e suas possibilidades na construção dos discursos explicativos dos campos científicos, com base na construção do conhecimento sobre a geografia e suas categorias mediadoras da compreensão da realidade. Esses elementos teóricos podem ajudar o professor a encontrar formas autônomas e criativas de abordar os conteúdos e encaminhar as atividades, para além de seguir, mecânica e acriticamente, os receituários dos manuais didáticos.

Lugar e território: Mediadores para a leitura da espacialidade do real

Na abordagem de conteúdos no ensino de geografia, levando em conta as propostas alternativas de estudos publicados na literatura pertinente, podem-se formular articulações, como foi feito em Cavalcanti (2010b, 2011b), sobre os conceitos de lugar e de território e as escalas de análise para sua abordagem. Algumas delas serão retomadas a seguir.

Uma das orientações recorrentes nessas propostas é a de se ter como referência o lugar do aluno e de se trabalhar com ele como escala de análise de referência para compreender escalas mais amplas (Callai 2006; Straforini 2004; Miranda 2005; Pereira Garrido 2009). Ou seja, indica-se que, ao estudar os temas, deve-se ir do local ao global e deste ao local. Por um lado, caminha-se no sentido de dar significado aos conteúdos geográficos para o próprio aluno, fazendo ligação dos conhecimentos trabalhados em sala de aula com sua vida cotidiana e imediata; por outro lado, postula-se que, no lugar, que é manifestação do global, é possível encontrar elementos da realidade mais ampla.[6] Essa formulação está orientada pela compreensão dialética, que pressupõe a realidade na sua multiescalaridade e a totalidade dos fenômenos como resultante da relação contraditória entre o todo e a parte.

---

6. Os autores da didática da geografia que têm salientado o estudo do lugar utilizam fontes diversas para sua conceituação. Alguns o compreendem numa linha histórico-crítica, com base em autores como Santos (1996), Carlos (2005), Harvey (2004) e Massey (2008); outros buscam construir uma compreensão desse conceito mais na linha fenomenológica e se baseiam em autores como Tuan (1980, 1983); e outros desenvolvem teorias que, na abertura possibilitada pela geografia contemporânea, procuram se nutrir da pluralidade de linhas teóricas.

Em depoimentos de professores ou em relatos de suas experiências, é possível perceber suas dificuldades para articular de modo consistente as escalas de apreensão do real. Esse fato pode levá-los muitas vezes a uma retomada do empirismo – ensinar baseado no local, no experimentado, no vivido, sem alterar a fundamentação epistemológica, sem ultrapassar a "linha" do empirismo. Ou seja, na intenção de motivar os alunos para as atividades de sala de aula, pela abordagem de temas de sua vida particular e da realidade imediata, o professor em alguns casos se limita a um empirismo sensualista e perde a oportunidade de ajudar os alunos a formar, pelo pensamento teórico, conceitos amplos que os ajudem a ir além de seu mundo imediato.

Com esse objetivo, há trabalhos que propõem metodologias "alternativas", por exemplo, com o uso de diferentes linguagens (música, poesia, charge, cinema, vídeo, cartografia), de desenhos, mapas mentais e representações, de recursos tecnológicos (computador, jogos digitais, geoprocessamento), todos "antenados" com o mundo e com as formulações contemporâneas sobre os processos cognitivos.[7] Tais trabalhos apontam a potencialidade desses recursos na mobilização necessária à aprendizagem, no sentido de possibilitar uma comunicação mais "realista" dos professores com os jovens escolares e de permitir uma identificação do aluno com os conteúdos estudados, que são assim adequados a uma aprendizagem significativa. No entanto, ao ficarem restritos à sensibilização dos alunos, podem não explorar todo o potencial desses recursos e não levar os alunos a pensar sobre os conteúdos, a pensar sobre a realidade por meio dos conteúdos. Abordar conteúdos com a referência escalar supõe uma construção intelectual, que permita compreender suas inter-relações e também seus limites. Nem tudo é

---

7. Nos relatos apresentados, é possível conhecer inúmeras experiências de trabalho docente orientadas por essas preocupações de inserir no cotidiano escolar as metodologias ligadas ao mundo do aluno; por exemplo, nos eventos ligados à área do ensino de geografia: Encontro Nacional de Prática de Ensino de Geografia-Enpeg, Encontro Nacional de Didática e Prática de Ensino-Endipe e Encontro Nacional de Pós-graduação em Geografia-Enanpege.

visto na escala do lugar, em primeira abordagem, numa experiência empírica. Os elementos que se observam e que são facilmente visíveis em uma escala, por exemplo, numa paisagem, em outras escalas não o são; porque mudam os aspectos e os problemas possíveis de serem extraídos. Portanto, o processo de conhecimento sobre um objeto se funda num questionamento inicial que define a escala de análise no sentido da abrangência dos elementos a serem considerados na apreensão do objeto. Para ampliar a compreensão, o trabalho segue no jogo de escalas, com a ajuda do pensamento teórico, considerando-se, em relações de interdependência, as categorias do universal, do particular e do singular e a relação entre o todo e a parte.

As análises contemporâneas, desenvolvidas com a incorporação de dimensões subjetivas e simbólicas do lugar,[8] contribuem para esse estudo, revelando os processos de identificação do sujeito (Castellar 2009), ajudando-o a ser ele mesmo (García Valdés 2009), permitindo que o "sujeito habitante" (Lindón 2009) faça análise da geografia da vida cotidiana. Essa abordagem do lugar como pertencimento contempla alguns aspectos da prática espacial articulados ao conceito de território.

A categoria território faz parte do conteúdo da renovação das matrizes geográficas, valendo-se de estudos fundamentados nas contribuições de Raffestin (1993), que destacou seu caráter político, relacionando-o às relações de poder e controle, não apenas o poder de Estado, mas aquele presente em diferentes instituições, empresas e nas relações sociais cotidianas. Nas novas concepções, o território passou a ser entendido nas suas dimensões política, econômica, cultural, funcional e simbólica, expressando os fluxos e as redes materiais e imateriais das relações sociais. Seja numa abordagem mais humanista, que destaque os dispositivos simbólicos do poder que regem as relações sociais e configuram os territórios, seja em abordagens histórico-críticas, que compreendam o território como produto social, numa

---

8. Para este capítulo, tomo como referência, entre outros, os artigos reunidos em Pereira Garrido (2009).

complexa combinação das horizontalidades e das verticalidades nas práticas objetivas e subjetivas, procuram-se compreender, no mundo contemporâneo, os processos de territorialização, desterritorialização e reterritorialização pelos quais as sociedades e seus diferentes grupos passam no contexto da mundialização.

A forte carga de relação entre os sujeitos e a constituição de territórios leva alguns atores, ao formular o conceito, a fazer uma ligação estreita com o processo de construção da identidade (nesse sentido, articula-se com a categoria lugar). No Brasil, destacam-se as contribuições de Haesbaert (2005), Saquet (2009) e Souza (1995). Para Haesbaert, por exemplo, o entendimento de território de uma perspectiva integradora abarca as dimensões política, econômica, cultural e natural da prática espacial, resultantes de processos de identificação e de apropriação espaciais. Destacando aspectos diferentes, chamam a atenção para as múltiplas territorialidades, flexíveis, tecidas na trama multiescalar de relações sociais, de redes e de nós.

Haesbaert (2005, 2007, 2009) trabalha com a categoria território em sua articulação com as práticas espaciais, enfatizando as relações de poder, a multiplicidade de poderes e, nesse particular, os poderes de múltiplos sujeitos. Para ele, é importante distinguir quem constrói territórios, quem são os que se desterritorializam, em que condições o fazem e quais os objetivos desses processos para o controle social. Assim, Haesbaert define território como um híbrido entre sociedade e natureza, economia e cultura, entre materialidade (função) e idealidade (simbólico).

A proposta de abordagem didática daí resultante associa lugar a território e ultrapassa a lógica formal e empírica dos objetos, considerados como externos aos sujeitos do conhecimento ao focalizar a experiência espacial cotidiana dos alunos (Lindón 2009), mas ultrapassando essa experiência. Ao associar esses conceitos, como estruturadores de um pensamento geográfico a ser desenvolvido pela escola, destaca-se a necessidade de fazer reflexões sobre as mediações do real empírico, compreendidas somente na consideração da multiescalaridade inerente aos objetos estudados. Destaca-se aqui a ampliação do conceito como orientador das formas de organizar um trabalho docente, um trabalho essencialmente voltado para a mediação dos processos mentais dos alunos. Trata-se de ajudar os alunos a construir justamente essa compreensão de escalas diferentes no movimento do real. Os jovens escolares, em sua experiência no lugar, participam das práticas espaciais formadoras de territórios, que têm sua lógica na multiterritorialidade e nas múltiplas escalas. Eles próprios são sujeitos formadores de múltiplos territórios. Portanto, a compreensão desse conceito vinculado às relações de poder, à estratégia de um grupo social que se materializa num lugar, em contextos históricos e geográficos determinados, na produção de identidades e de lugares, no controle do espaço, ajuda-os a compreender melhor suas próprias práticas espaciais.

Planejar o ensino de geografia não é distribuir tópicos de conteúdos pelo conjunto de aulas previstas

Este capítulo desenvolve ideias no sentido de explicitar a compreensão de que a tarefa de ensinar não se restringe às demandas dos conteúdos escolares em si mesmos, assim como a formação do professor de uma matéria de ensino não pode estar baseada estritamente no domínio dessa matéria, pois entende-se o ensino como uma atividade social teórico-prática, da qual participam o professor, o aluno e a matéria de ensino, de modo articulado aos seus componentes fundamentais, que são os objetivos, os conteúdos e os métodos de ensino.

Esses componentes do ensino são partes indissociáveis do processo que estão presentes nas aulas, mas também nos momentos de planejamento e de avaliação. Insiste-se aqui na concepção de que os critérios de seleção e organização de conteúdos estão ligados aos objetivos que se quer alcançar em situações específicas do processo.

Nessa linha, ao planejar uma atividade de ensino, em momentos prévios a um curso ou ao longo do processo, o professor tem em mãos o material disponível e indicado para ser trabalhado com os alunos (em grande parte dos casos, não se começa "do zero", pois já existem equipes de profissionais que trabalharam na estruturação de cursos correlatos, expressos em matrizes e/ou guias curriculares, em livros didáticos, em projetos político-pedagógicos anteriores – compondo o que se entende por práticas constituídas, da qual faz parte a geografia escolar instituída). Antes de tomar decisões sobre que "geografia" ensinar, é tarefa do professor, ou grupo de professores, nesses momentos, observar as condições e as propostas da escola e o nível de ensino para o qual se está planejando. É também sua tarefa procurar conhecer os alunos, considerá-los em sua existência empírica e como representantes de uma geração, de um segmento social. Tais ponderações são úteis e necessárias para refletir sobre as metas a estabelecer e a priorizar do ponto de vista da aprendizagem dos alunos e de seu desenvolvimento intelectual, social e emocional. Porém, também compõe seus pressupostos de planejamento a investigação das demandas e das proposições colocadas pela ciência geográfica na contemporaneidade, para julgar necessidades e possibilidades de, pelo ensino dessa matéria, articular-se a elas, nutrindo-se, assim, de suas formulações na constituição da geografia escolar. Além disso, nos momentos de planejamento, sempre articulados aos momentos de realização e avaliação do processo de ensino e aprendizagem, das decisões sobre o que ensinar decorrem implicações de como ensinar – que é o método ou são as metodologias de ensino.

De modo esquemático, pode-se apresentar essa dinâmica do ensino no seguinte gráfico:

Elementos e componentes do processo de ensino

A organização desse esquema, com o cuidado de entender seus limites, para expressar um processo extremamente dinâmico e complexo, tem a intenção de salientar os elementos, os momentos e as relações entre eles. Nessa formulação, ressalta-se que o planejamento é um momento ligado aos demais, é um guia de orientação para a ação, cujas características mais adequadas são sequencialidade, objetividade, coerência, flexibilidade e realismo.

Essas características devem estar presentes nos diferentes níveis do planejamento, tanto em diretrizes curriculares como em projetos político-pedagógicos e planos de ensino e de aula. Tratando-se de plano de ensino e de aula, que são os mais atinentes ao cotidiano do professor, a coerência buscada deve ser, entre outras, a da articulação entre objetivos, conteúdos e encaminhamentos metodológicos de ensino programados. Ao articular todos esses elementos, o professor configurará o que se tem chamado de geografia escolar – uma dimensão específica da ciência geográfica, que tem relação estreita com a geografia acadêmica, a que é trabalhada nos cursos superiores de formação do professor, mas que tem existência autônoma, integrada ao espaço da escola, à sua lógica e às outras disciplinas escolares.

Na realização do ensino dessa disciplina, na forma básica da aula (entendida aqui como todo tipo de atividade direcionada pelo professor no âmbito do cotidiano do calendário escolar dos alunos), essa coerência deve ser buscada para que se tenha clareza dessa articulação ao longo do processo: os objetivos de ensino direcionam a seleção e a estruturação dos conteúdos a ensinar e os modos de abordar esses conteúdos, tendo em vista a construção de conhecimentos dos alunos. Nesse componente particular do ensino, é importante retomar a ideia, já desenvolvida, de que se trata do método de ensino, não como procedimentos vinculados diretamente a formas de organizar atividades em situações escolares, mas como síntese de métodos da ciência de referência, no caso a geografia, de métodos gerais de cognição e de concepções de fundamento gerais do conhecimento científico.

Do mesmo modo, as práticas avaliativas são diagnósticos das atividades realizadas, ressaltando-se que precisam estar também coerentes com o processo de conhecimento em que se acredita e, nesse caso, que se caracterizam por serem contínuas, processuais e formativas. Tal qual os demais momentos aqui analisados, elas devem articular os objetivos, os conteúdos e os métodos trabalhados,[9] afinal, quando se avalia um processo de ensino, tem-se em mente aquilo que foi focalizado na sua realização. Para avaliar a aprendizagem dos alunos do ponto de vista do ensino conduzido por uma concepção empirista de conhecimento, são pertinentes instrumentos e condutas que aferem a capacidade do aluno de reproduzir os conteúdos "estudados", tais quais foram apresentados, como coisas em si mesmas. De modo diferente, se a concepção que orienta o ensino em questão está mais próxima daquela que visa à construção de conhecimentos e ao desenvolvimento intelectual dos alunos por meio de conteúdos apresentados, os instrumentos e as práticas avaliativos são aqueles que permitem ao professor analisar os conhecimentos expressos verbal ou oralmente pelos alunos, mas com abertura para compreender esses conhecimentos mais como processos em construção e como sinais e evidências de um conjunto de saberes e habilidades ainda em formação ou em formulação, de difícil expressão nas formas pelas quais são possíveis ou comuns em situações escolares.

Em momentos de avaliação, portanto, o professor busca diagnosticar o acerto provisório do seu trabalho, tomando como base as referências que proporcionou ao aluno, tanto as de cunho mais informativo quanto as de caráter conceitual, para que ele ampliasse suas possibilidades de lidar com as espacialidades de seu cotidiano. Nesses momentos, o professor tem também ao seu alcance as indicações dos limites de seu trabalho, no que diz respeito à ajuda à aprendizagem dos alunos, sendo uma oportunidade para refletir sobre mudanças de caminho.

Enfim, uma consistente formação teórica, com aportes e contribuições a respeito do processo de ensino e aprendizagem e de

---

9. Sobre avaliação do ensino-aprendizagem, julgo coerentes e de grande importância para as reflexões sobre a natureza desse processo na proposta de ensino aqui desenvolvida as produções de Luckesi (1984), Lüdke e Mediano (1992), Romanowski e Wachowicz (2006), entre outras.

suas relações com os processos de conhecimento, com a construção de conhecimentos geográficos, contribui para que o professor faça uma composição consciente no seu trabalho, articulando os conteúdos aos objetivos da geografia escolar e buscando imprimir essa articulação por ele composta nos diversos momentos do processo, em especial, no planejamento, nas aulas e nas práticas avaliativas.

7
CONCEITOS GEOGRÁFICOS:
META PARA A FORMAÇÃO E A PRÁTICA DOCENTES

Este capítulo é dedicado ao tema dos conceitos geográficos, de sua formação e do papel que desempenham no desenvolvimento do pensamento dos alunos, com base na linha histórico-cultural. Parte dos destaques e das afirmações aqui feitas tem como referência outro texto já publicado (Cavalcanti 2005). Neste livro, o tema está voltado para a discussão de como se pode orientar o ensino tendo como meta a formação de conceitos, o que só é possível quando se tem convicção do papel dos próprios conceitos na condução do pensamento. Qual é o papel de conceitos nos processos de aprendizagem? Como atuam esses conceitos na relação das pessoas com o mundo? Que implicações tem essa meta nas atividades de ensino e aprendizagem? Como se podem conduzir atividades com esse propósito? Essas questões norteiam este capítulo não no sentido de dar respostas a elas, mas no de contribuir para a elaboração de entendimentos em sua direção.

Em outro texto (Cavalcanti 2011b), apontei o aprofundamento desse tema como uma das demandas atuais para a pesquisa sobre o ensino de geografia. Ressaltei que essa é uma meta relevante do ensino e deve ser compreendida em sua complexidade e no seu papel para o desenvolvimento do pensamento teórico. A indicação resultou de análise de possibilidades e limites de paradigmas da ciência geográfica. Nessa análise, estão incluídos os paradigmas do ensino e os limites de um paradigma empírico, tão presente na geografia escolar. Para superá-los, é pertinente o desenvolvimento do pensamento teórico pelo ensino, no qual os conceitos estão incluídos.

Muitos especialistas reafirmam o espaço geográfico como objeto de estudo da geografia, como uma construção teórica, concebida intelectualmente como produto social e histórico, tornando-se, assim, ferramenta para a análise da realidade. A reafirmação desse objeto tem possibilitado a reflexão e a reformulação de um conjunto de conceitos a ele relacionados. Com esse conjunto, a ciência geográfica tem buscado fazer a sua leitura do mundo, produzindo e informando teorias e explicações (mais ou menos objetivas) da realidade vista pelo viés espacial. Esse debate sobre o objeto e os conceitos a serem trabalhados pela ciência geográfica resulta em alterações também no campo do ensino (ver Capítulo 6).

A concepção de que a geografia é um campo do conhecimento que sintetiza e sistematiza formulações históricas e sociais, tendo como referência a definição da perspectiva espacial, sendo, portanto, ela mesma uma construção social, coloca requisitos para a formação de seus professores, conforme buscou demonstrar em diferentes capítulos deste livro. Postula-se a formação de um profissional que domine o campo da geografia, suas finalidades sociopolíticas e o modo de constituição desse campo, resultantes da perspectiva espacial de análise – e de métodos e de conceitos-chave para a construção da disciplina geográfica. Assim, é fundamental que o professor domine mais que os conteúdos das diferentes especialidades da área, é necessário que ele tenha um conceito abrangente e profundo da geografia e de suas finalidades formativas, que se posicione como profissional dessa área e que fundamente seus projetos profissionais com base nesse conceito e nesse posicionamento. Essa discussão é aqui retomada como base para as argumentações que serão feitas a seguir a respeito da formação de conceitos dos alunos: o desenvolvimento de uma proposta metodológica de ensino de geografia centrada nos objetivos de formação de conceitos requer que os professores sejam formados também na direção dessa proposta. Ou seja, os professores serão mediadores conscientes de seu papel na aprendizagem dos alunos, se eles pensarem teoricamente esse papel, se eles tiverem uma adesão a essa proposta e se, mais que tudo, eles próprios tiverem conceitos geográficos abrangentes.

A formação de conceitos: Uma função prioritária no ensino

Há uma primeira observação a ser feita: aos professores interessa refletir sobre o que é a atividade de aprender. Seu papel profissional é ajudar os alunos a conhecer os conteúdos trabalhados em sua disciplina. Mas, afinal, como os alunos passam a conhecer conteúdos geográficos antes desconhecidos para eles? O conhecimento não é uma operação de simples transferência de conteúdos de fora para dentro do sujeito; diferentemente, afirma-se que ele é resultado de processos complexos, desenvolvidos por sujeitos em atividade mental em sua relação com o mundo. Há compreensões, para dizer de modo simplificado, que identificam o processo de conhecimento com a reprodução mental de propriedades de um objeto de estudo, numa visão mais objetivista e empirista do processo. De outra perspectiva, entende-se que se trata de capacidades de construção peculiar do objeto de estudo pelo sujeito com base em operações mentais. O resultado da primeira maneira de pensar o processo seria a produção de conhecimentos objetivos, já que estão mais presos ao objeto que ao sujeito; da segunda maneira, o resultado é uma realidade construída pelo sujeito, carregada de sua subjetividade. Em relação a essa segunda forma, considero pertinente a preocupação de que ela poderia levar a um tipo de construtivismo relativista, com base individual e empírica. Porém, a defesa de construção subjetiva que se faz aqui é fundamentada na dialética, que parte de um princípio da objetividade da realidade e do conhecimento científico produzido sobre ela, que são referências básicas do ensino escolar, não levando a um racionalismo estreito no método de ensinar, com a ideia de que conteúdos são verdades prontas. Contrapondo esse tipo de pensamento a uma perspectiva de construtivismo social, de cunho dialético, ressalta-se o papel ativo e social do sujeito no processo de conhecimento e admite-se a dialética subjetividade/objetividade, entendendo que a realidade é complexa e não reproduzida diretamente pelo conhecimento. Nessa acepção, o conhecimento é uma produção social que emerge da atividade humana. Ele implica a conversão dos saberes historicamente produzidos pelos homens sobre uma realidade objetiva em saberes do indivíduo, com sua atuação subjetiva.

Essa primeira argumentação marca uma posição de distinção entre pensamento empírico e pensamento teórico. O pensamento teórico-conceitual é próprio da subjetividade humana, que tem uma natureza social e histórica. O destaque a esse aspecto do processo de desenvolvimento psicológico tem a intenção de demonstrar o caráter processual desse pensamento. Trata-se de um processo complexo que acontece no indivíduo ao internalizar elementos desse pensamento objetivado na experiência social e cultural e, especificamente, no pensamento científico. Essa linha aproxima a compreensão dos processos de conhecimento e de desenvolvimento humano da orientação dos processos didáticos propiciadores desses processos. O trabalho docente orientado para o desenvolvimento teórico dos alunos se desenvolve buscando estabelecer, com a intervenção deliberada do professor, a relação do aluno com o mundo objetivo. Nessa relação, o aluno desenvolve sua capacidade mental, sobretudo a de formar conceitos, para lidar com o mundo. Ajudar a formar conceitos é, portanto, papel central do professor.

A explicação do processo de formação de conceitos, essencial para a compreensão da realidade para além de sua dimensão empírica, foi uma das contribuições mais importantes da teoria de Vygotsky. Nessa linha, os conceitos são ferramentas culturais que representam mentalmente um objeto. São conhecimentos que generalizam as experiências, que permitem fazer deduções particulares de situações concretas. São modos de operar o pensamento e, assim, a compreensão do mundo. A afirmação de que os objetivos do ensino estão articulados na meta mais geral de ajudar os alunos a pensar por meio de conteúdos escolares aponta para a relevância de ajudá-los a formar conceitos. Mas como ajudar os alunos nesse processo? Com o intuito de melhor compreensão dessa contribuição, apresento, a seguir, elementos da teoria que marcam a produção de Vygotsky nesse sentido: mediações simbólicas; internalização; generalização; relação entre conceitos cotidianos e conceitos científicos.

Mediações simbólicas

As funções mentais superiores do homem (percepção, memória, pensamento) não decorrem de uma evolução intrínseca, natural e linear das funções elementares; ao contrário, elas se desenvolvem em situações específicas, na relação com o meio sociocultural, que é mediada por signos. O desenvolvimento mental, a capacidade de conhecer o mundo e de nele atuar, é uma construção social que depende das relações que o homem estabelece com o meio. Há, nesse sentido, uma relação entre sujeito e objeto do conhecimento, dialética e contraditória, mediada por símbolos que compõem nossas representações de mundo – mediações cognitivas. Isso quer dizer que o sujeito não se relaciona diretamente com as coisas do mundo, entre elas, no meio delas, estão suas representações, os símbolos que construiu. Essa compreensão da atividade de mediação é relevante para refletir sobre as possibilidades específicas das práticas escolares com a mediação simbólica. As práticas sociais são mediadas por um conjunto de representações simbólicas, ou seja, os sujeitos agem e se relacionam com o mundo, mediado por essas representações, resultando daí seu desenvolvimento mental. Em uma concepção de ensino voltado para o desenvolvimento dos alunos, cabe à escola o papel de intervir nessas mediações. Nesse caso, é importante pensar na mediação didática (ou pedagógica). Libâneo, apoiando-se em Lenoir, faz referência, na relação educativa escolar, às duas mediações: a didática e a cognitiva. Para explicá-las, usa a distinção desses dois processos feita pelo próprio autor: "aquele que liga o sujeito aprendiz ao objeto de conhecimento (relação S – O), chamado de mediação cognitiva, e aquele que liga o formador professor a esta relação S – O, chamado de mediação didática" (Lenoir, *apud* Libâneo 2009, p. 72). A mediação, portanto, é um conceito central na teoria de Vygotsky e tem implicações efetivas na orientação do ensino.

Internalização

A internalização é um processo de reconstrução interna, intrassubjetiva, de uma operação externa dos sujeitos com objetos. Nesse processo, ocorre a "passagem" de uma atividade externa para uma atividade interna, de um processo interpessoal para um processo intrapessoal. Dois aspectos a destacar: o percurso dessa internalização das formas culturais pelo indivíduo, que tem início em processos sociais e se transforma em processos internos, leva a concluir que da fala se chega ao pensamento; a criação da consciência ocorre pela internalização, esse processo é criador da consciência e não uma transferência de conteúdos da realidade objetiva para o interior da consciência. Na internalização, não há passividade do sujeito, que "recebe" em sua mente um mundo exterior. O mundo, da perspectiva aqui trabalhada, só pode ser conhecido como objeto de representação que dele se faz. E esse mundo é um mundo para o sujeito que o internaliza, depois que ele o foi para os outros, ou seja, o conhecer é um processo social e histórico, não um fenômeno individual e natural. As atividades de ensino e aprendizagem asseguram o processo de desenvolvimento mental quando conseguem mediar as condições de internalização de ferramentas culturais existentes na cultura e nas práticas sociais. Pela aprendizagem, as práticas sociais se convertem em funções mentais no indivíduo, produzindo mudanças qualitativas no seu modo de ser e de agir (Libâneo 2011c). Nesse processo, a apropriação é cultural, não é passiva, é resultado da atividade do sujeito na aprendizagem, quando há aquisição de ferramentas para lidar com o mundo. Da apropriação se dá o desenvolvimento mental.

Generalização

Este conceito é explicado no conjunto de operações que ocorrem no desenvolvimento de conceitos. No processo de conhecer, os objetos são apreendidos por sinais – imagens sensoriais – que se encontram colados à singularidade do objeto. Para o processo de descolamento do singular do objeto e sua generalização e abstração, a imagem tem de ser representada pelo signo. Esse processo tem, segundo Vygotsky, quatro modalidades, por ele chamadas de amontoados sincréticos, complexos, pseudoconceitos e conceitos. A distinção entre elas é fundamental para compreender a complexidade do processo de generalização e de formação do próprio conceito – a forma mais ampla de generalização – e as dificuldades de avaliar sua formação como resultado de atividades do ensino. Há, por exemplo, expressões sobre um objeto que podem ser interpretadas como manifestação de um conceito que está formulado, na verdade, como pseudoconceito. Este ainda está mais próximo de elementos empíricos do objeto, unificando, contudo, diversos objetos sobre uma base de afinidade entre seus elementos. O conceito, de modo diferente, surge quando uma série de características abstratas aparecem mais uma vez sintetizadas. Trata-se da síntese abstrata, que se torna a forma fundamental do pensamento pelo qual a criança obtém e conceitualiza a realidade (Davydov 1995). Vygotsky (1993, p. 66), ao explicar a formação de conceitos, distingue-a da fase de pensamento por complexos, afirmando que, para formar conceitos, é necessário:

> *Abstrair, isolar* elementos, e examinar os elementos abstratos separadamente da totalidade da experiência concreta de que fazem parte. Na verdadeira formação de conceitos, é igualmente importante unir e separar: a síntese deve combinar-se com a análise. O pensamento por complexos não é capaz de realizar essas duas operações.

Relação entre conceito cotidiano e conceito científico

Para entender um pouco mais o conceito de generalização e os processos de abstração próprios do conceito, na linha de Vygotsky, é útil apresentar as características dos conceitos cotidianos e científicos e como se relacionam no processo de formação de conceitos:

> Acreditamos que os dois processos – o desenvolvimento dos conceitos espontâneos e dos conceitos não espontâneos – se relacionam e se influenciam constantemente. Fazem parte de um único processo: o desenvolvimento da formação de conceitos, que é afetado por diferentes condições externas e internas, mas que é essencialmente um processo unitário, e não um conflito entre formas de intelecção antagônicas e mutuamente exclusivas. O aprendizado é uma das principais fontes de conceitos da criança em idade escolar, e é também uma poderosa força que direciona o seu desenvolvimento, determinando o destino de todo o seu desenvolvimento mental. (Vygotsky 1993, p. 74)

No nível de abstração e de generalização, o processo de formação de conceitos cotidianos é "ascendente", surgindo impregnado de experiência, mas de uma forma ainda não consciente e "ascendendo" para um conceito conscientemente definido; os conceitos científicos surgem de modo contrário, seu movimento é "descendente", começando com uma definição verbal com aplicações não espontâneas e posteriormente podendo adquirir um nível de concretude, impregnando-se na experiência. Essas formulações são interessantes para a meta de formar conceitos no ensino, pois apontam implicações para esse processo, que tem a ver com a consideração dos conceitos cotidianos dos alunos e com a "ascensão" deles ao nível dos conceitos científicos, tarefa própria da mediação didática.

Conceitos geográficos como mediações para compreender o mundo

Na linha de pensamento que está sendo aqui adotada, defende-se que é pela atividade cognitiva que o homem se apropria dos saberes historicamente produzidos pelos homens e dos modos de saber e de pensar desses homens. Ou seja, ele se apropria dos conteúdos e do modo de pensar que levou à produção desses conteúdos. Conforme Pino (2001, p. 41):

Não é na mera manipulação de objetos que a criança vai descobrir a lógica dos conjuntos, das seriações e das classificações; mas é na convivência com os homens que ela descobrirá a razão que os levou a conceber e organizar dessa maneira as coisas. Evidentemente, nesse processo de apropriação cultural, o papel mediador da linguagem (a fala e outros sistemas semióticos) é essencial.

Esse raciocínio fundamenta a compreensão da relevância de estabelecer como meta do ensino de geografia o desenvolvimento de conceitos, o que significa mediar a atividade cognitiva dos alunos para que eles possam, ao assimilar os conteúdos, formar conceitos geográficos, entendidos como as formas mais elaboradas, mais genéricas do pensamento dessa ciência. Ao fazer isso, os alunos poderão passar de um estágio em que fazem certas generalizações dos objetos estudados (ainda no nível dos pseudoconceitos), com as distinções, as classificações e as unidades cabíveis a eles, para o estágio dos conceitos propriamente ditos, em que serão capazes de fazer generalizações no pensamento, análises e sínteses, abstrações descoladas de suas objetivações empíricas. Nesse sentido, vale reforçar que os conceitos geográficos permitem fazer generalizações e incorporam um tipo de pensamento capaz de ver o mundo não somente como um conjunto de coisas, mas também como capaz de converter tais coisas, por meio de operações intelectuais, em objetos espaciais, teoricamente espaciais.

Essa mediação da atividade cognitiva se relaciona com a preocupação com o aluno como sujeito do processo de conhecimento, o que está presente nas reflexões mais atuais sobre o ensino de geografia. Nelas se compreende que o aluno poderá, em um ensino orientado pela meta de formação de conceitos, adquirir ferramentas intelectuais que permitam a ele compreender a realidade espacial que o cerca na sua complexidade, nas suas contradições, com base na análise de sua forma/conteúdo e de sua historicidade. Compreendendo seu lugar e os territórios formados em suas proximidades, como uma espacialidade, o aluno terá uma convicção de que aprender elementos do espaço é importante para compreender o mundo, pois ele é uma dimensão constitutiva da realidade, e estará, com isso, mais motivado para estabelecer com os conteúdos apresentados uma relação de cognição, colocando-se como sujeito de conhecimento.

Nessa concepção, como já está colocado em outros capítulos deste livro, o objetivo da geografia escolar não é ensinar um temário, uma quantidade de conteúdos acumulados na ciência para conhecimento do aluno, como um fim em si mesmo. O intuito é trabalhar com esse temário, com esses conhecimentos, para que o aluno desenvolva um modo de pensar geográfico. São importantes, assim, as recomendações que focam os conceitos geográficos elementares: lugar, paisagem, território, região, natureza; aquelas que chamam atenção para a necessidade de abordar os conteúdos geográficos em sua multiescalaridade, na dialética local-global, e as que assinalam a relevância da linguagem cartográfica no desenvolvimento do pensamento geográfico. Igualmente relevantes são as preocupações com a incorporação nas atividades do ensino de procedimentos (ver Capítulo 8) que se aproximem de modos de produzir conhecimento geográfico, como a observação da paisagem, sua localização, sua descrição e a caracterização de suas "partes", a problematização que essa observação levanta, a análise de seus significados para os que participam da produção dessa paisagem, a busca de contradições por ela reveladas, a elaboração de sínteses que busquem conceitos generalizantes para esse objeto estudado, tendo em vista sua significação para os sujeitos do processo.

Para além das recomendações teóricas, é preciso também investigar como tem sido, de fato, a prática docente no que diz respeito a essas preocupações. Pode-se afirmar que, realmente, o aluno da escola básica tem conseguido entender a geografia como um modo de analisar a realidade? O aluno tem tido a oportunidade de ir construindo o conhecimento geográfico ao longo de sua escolarização de modo processual, considerando-se os conceitos centrais desse pensamento e os procedimentos da produção de conhecimento? Ele tem distinguido os conteúdos com um modo de ver, uma perspectiva de analisar a realidade? Ele tem usado a geografia para analisar sua realidade vivida? Nos diferentes momentos das aulas de geografia, há possibilidade de fazer essa análise? Em algum momento, o aluno de geografia é levado a pensar em seus conceitos formados e a pensar com esses conceitos?

Todas essas recomendações são pertinentes ao objetivo de desenvolver o pensamento teórico-conceitual, compreendendo que a formação dos conceitos "carrega" junto os procedimentos do pensamento. Nesse sentido, serão discutidos em seguida elementos de abordagem de conteúdos no ensino de geografia que, embora estejam fundamentados em diferentes perspectivas epistemológicas, convergem na preocupação de buscar formas de aprendizagem mais significativas, podendo contribuir para o estabelecimento de estratégias para alcançar aquele objetivo.

A formação de conceitos elementares da geografia

A formação do pensamento conceitual, que permite uma mudança na relação do sujeito com o mundo, generalizando suas experiências, é papel da escola e das aulas de geografia. Pode-se afirmar que, em certo sentido e de diferentes perspectivas, o entendimento da relevância de ensinar tendo como referência conceitos científicos levou a que referências curriculares nacionais, como os PCNs (Brasil 1998), e diretrizes curriculares estaduais e municipais e livros didáticos (Brasil 2010) estruturassem seus conteúdos geográficos com base em conceitos elementares, como paisagem, lugar, território, região e natureza. Nesses parâmetros de currículos, os conceitos são indicados para serem construídos, elaborados, reelaborados e ampliados ao longo do ensino básico. Alguns autores, ao formular orientações para o ensino de geografia, também alertam para a importância dos conceitos geográficos. Segundo Kaercher (1998), "os conceitos não devem anteceder aos conteúdos", pois eles devem ser formados no trabalho realizado com os conteúdos. Oliva (1999) enfatiza também a importância de trabalhar com conceitos científicos, principalmente no ensino médio. Segundo esse autor, não há como interpretar o fluxo das mudanças socioespaciais atuais sem um discurso conceitual mais organizado. Ou seja, a preocupação do professor em levar em conta os conhecimentos dos alunos e os conteúdos de temas mais contemporâneos, conjunturais, não pode levar a uma simplificação de conteúdos e a pouco trabalho com conceitos científicos. Cavalcanti (cf., por exemplo, 1998, 2005, 2008), fundamentando-se na visão de Vygotsky, tem indicado como relevante para o ensino de geografia a formação de conceitos básicos, como os de lugar, paisagem, região, território e natureza. Dessa mesma perspectiva teórica, Couto (2006) faz estudos sobre a formação de conceitos geográficos, o que implica, entre outras coisas, abordar o espaço, a paisagem, o território, o lugar, a região, a rede, a escala com base nos significados que esses conceitos têm na vida concreta das pessoas.

A multiescalaridade no tratamento dos fenômenos geográficos

Esta indicação parte do entendimento da necessária articulação dialética entre escalas locais e globais na construção de raciocínios espaciais complexos. O global, conjunto articulado de processos, relações e estruturas do espaço, tem um significado específico e peculiar em cada lugar; mas esse lugar não pode ser apreendido completamente sem a tensão com a totalidade da qual faz parte. Busca-se, assim, entender os fenômenos na relação parte/todo, concebendo a totalidade dinâmica no jogo de escalas (Callai 2006; Straforini 2004). O intuito é superar o tratamento dicotômico e excludente dos fenômenos em sua escala local ou global, que produz análises ora focando estruturas globais de um fenômeno, por exemplo, ora as singularidades de um fenômeno local, como se uma dimensão não tivesse a ver com a outra; também pretende suplantar a abordagem conhecida dos círculos concêntricos, que vai do local ao global, do mais imediato do aluno ao mais distante.[1] Então,

---

1. Essa abordagem foi praticada tradicionalmente nos anos iniciais do ensino fundamental. Nela, iniciam-se os estudos, no primeiro ano, pelo espaço do aluno, indo paulatinamente, nos anos seguintes, aos estudos da escola, do bairro, do município, do estado, de forma linear, indo dos círculos de referência mais imediata do aluno para círculos com raio maior de referência. O questionamento a essa abordagem já é feito desde o final do século XX, por se entender que, desde o primeiro ano, deve-

recomenda-se trabalhar respeitando-se o nível de abstração e de cognição das crianças ou dos jovens, sem dar definições formais de local ou de global, mas apontando evidências de um lugar como localização de algo, e também como experiência cotidiana, familiar, identitária, mas ainda como diferenciações, comparações, processos, relações de uma realidade objetiva e global.

Desenvolvimento da capacidade de leitura e mapeamento da realidade pela linguagem gráfica e cartográfica

As indicações metodológicas ligadas ao desenvolvimento dessa capacidade têm sido recorrentes nessas duas últimas décadas. Vários são os estudiosos (Simielli 1999, 2007; Paganelli 1987; Almeida 2007; Lesann 2009) que têm contribuído para esclarecer os caminhos para esse desenvolvimento, definindo como um dos eixos do ensino de geografia a alfabetização cartográfica – a habilidade de representação de mundos visíveis, objetivos e subjetivos, não se limitando ao mapeamento e à localização objetiva e fixa das coisas. Destacam-se, nesse sentido, os mapas mentais, como construções simbólicas, imersas em ambientes sociais, espaciais e históricos que referenciam as elaborações singulares. Os mapas mentais ou desenhos são mais "livres", sem preocupação com a correspondência objetiva com o que é representado, não obedece a regras cartográficas, embora possam ser utilizados para desenvolvê-las. Para a geografia, portanto, a imagem, o desenho e o mapa são recursos fundamentais na mediação entre o sujeito e o conhecimento, por serem expressão de algum conteúdo geográfico e por serem construídos pelo sujeito, levando-o a expressar uma síntese em elaboração, um conceito em construção. No processo de alfabetização cartográfica, a cartografia aparece não apenas como técnica ou tópicos de conteúdo, mas como

---

se trabalhar a ideia de que os espaços de vivência, a configuração desses espaços, o "jeito" que eles vão tomando, tem a ver também com a produção de espaços maiores, da cidade, do estado ou do país ou mesmo de outro país, porque é resultado de um processo histórico e social mais amplo, do qual esses espaços fazem parte.

linguagem, com códigos, símbolos e signos que precisam ser aprendidos para que o aluno possa se inserir no processo de comunicação que a cartografia representa (uma ciência da transmissão gráfica da informação espacial), desenvolvendo ao longo desse processo as habilidades fundamentais de leitor de mapas e de mapeador da realidade. Assim, os desenhos e os primeiros "mapas" construídos podem ser parte do processo de construção das noções espaciais e também informação imagética dos locais com base na qual se podem construir conhecimentos significativos. A representação gráfica, cartográfica, imagética, como qualquer produção intelectual, científica ou não, é um objeto cultural, não é uma verdade absoluta, é uma construção sobre a realidade, que busca expressá-la, que busca aproximar-se dela. Assim, as crianças, desde o primeiro ano, devem ir construindo uma compreensão da cartografia como capacidade de representar a realidade criada pelo homem. Nesse sentido, no ensino, busca-se ajudar os alunos, ao longo do processo de formação, a desenvolver essa capacidade, apresentando a referência científica para isso (nesse caso, a base das projeções matemáticas e geométricas) e esperando que as referências do aluno, do professor e da ciência possam ser questionadas, desconstruídas, ampliadas.

Essas recomendações de abordagem no ensino de geografia podem ser articuladas na condução do ensino para a formação do pensamento teórico-conceitual. Nesse caso, é pertinente retomar as perguntas: por que essa preocupação com os conceitos? O que significa orientar os conteúdos pela formação de conceitos? Como o professor pode orientar atividades de sala de aula de geografia para que elas favoreçam o alcance desse objetivo? O que significa ajudar os alunos a formar conceitos? Certamente, não é informar/apresentar os conceitos próprios da ciência de referência, no caso a geografia, como se faz muito comumente. Na verdade, o papel do professor é mediar. O que é mediar? Como é mediar para formar conceitos geográficos? É ensinar, pelo conteúdo, a pensar geograficamente. É ensinar com os conteúdos as ações mentais próprias da ciência que produziu o conceito. É "mediação didática da mediação cognitiva".

A última parte deste capítulo, a seguir, tem como propósito explicitar um pouco mais os caminhos para responder a essas questões.

Professores de geografia e o papel de mediar processos de aprendizagem do aluno: A zona de desenvolvimento proximal

Conforme foi mencionado anteriormente, a formação de conceitos pressupõe encontro e confronto entre conceitos cotidianos e conceitos científicos. Em relação ao ensino de geografia, essa afirmação requer um olhar atento para a geografia cotidiana dos alunos. É no encontro/ confronto da geografia cotidiana, da dimensão do espaço vivido pelos alunos, com a dimensão da geografia científica, do espaço concebido por essa ciência, que se tem a possibilidade de reelaboração e maior compreensão do vivido. Esse entendimento implica ter como dimensão do conhecimento geográfico o espaço vivido ou a geografia vivenciada cotidianamente na prática social dos alunos. Assim, o professor deve captar os significados que os alunos dão aos conceitos científicos que são trabalhados no ensino. Isso significa a afirmação e a negação, ao mesmo tempo, dos dois níveis de conhecimento (o cotidiano e o científico) no desenvolvimento conceitual, tendo, contudo, como referência imediata, durante todo o processo, o saber cotidiano do aluno.

Tendo essa preocupação como fundamento do trabalho docente, duas referências são relevantes: a palavra como mediação no ensino e a zona de desenvolvimento proximal como orientação didática.

A respeito da relevância da palavra, afirma Vygotsky (1993, p. 50):

> A formação de conceitos é o resultado de uma atividade complexa em que todas as funções intelectuais básicas tomam parte. No entanto, o processo não pode ser reduzido à associação, à atenção, à formação de imagens, à inferência ou às tendências determinantes. Todas são indispensáveis, porém insuficientes sem o uso do signo, ou palavra, como o meio pelo qual conduzimos as nossas operações mentais, controlamos o seu curso e as canalizamos em direção à solução do problema que enfrentamos.

É também importante destacar a distinção que Vygotsky faz entre sentido e significado da palavra, por sua contribuição para as relações entre eles em situações de ensino: "O sentido de uma palavra é a soma de todos os eventos psicológicos que a palavra desperta em nossa consciência (...) O significado é apenas uma das zonas do sentido, a mais estável e precisa" (*ibid.*, p. 125). No discurso interior, o sentido prevalece sobre o significado. A língua, então, é uma ferramenta da consciência, que tem a função de composição, de controle e de planejamento do pensamento e, ao mesmo tempo, tem uma função de intercâmbio social. Destacam-se dessas funções: 1) a função de comunicação pela palavra interessa ao professor, pois é pelo diálogo, pela fala dos alunos e com eles (verbal ou escrita) que poderá comunicar os conhecimentos; 2) a função de organizadora do pensamento generalizante é pertinente ao ensino, pois, pelo uso da língua, o aluno tem uma compreensão generalizada do mundo; 3) a função de controle do pensamento: interessa salientar a metacognição, que é a reflexão que se faz sobre as operações mentais, importante para que o aluno controle e planeje seu processo de aprendizagem e de construção de conhecimento.

Uma das atividades mais comuns no ensino de matérias escolares como a geografia é trabalhar com a leitura e a escrita de textos. Assim, é relevante que o professor esteja atento para buscar desenvolver, por meio delas, a habilidade de percepção da realidade, de uso da memória e de elaboração pessoal de sínteses, com as quais os alunos podem expressar sua leitura da espacialidade do mundo, tornando-o parte de seu sistema de conceitos. Interessante, nessa linha, é a indicação de Bakhtin (*apud* Emerson 2002, p. 155) de priorizar o "recontar com as próprias palavras", em lugar de "recitar de cor", por ser um processo mais flexível e mais interativo, no qual se pode *engendrar* "o que pode haver de mais próximo de algo totalmente nosso".

A atuação docente nesse processo de formação do pensamento conceitual dos alunos, com os pressupostos já apresentados, é a de mediar, não apresentando conceitos prontos para serem assimilados diretamente. Sobre essa prática no ensino, comenta Vygotsky (2000, p. 247):

> (...) a experiência pedagógica nos ensina que o ensino direto de conceitos sempre se mostra impossível e pedagogicamente estéril.

O professor que envereda por esse caminho costuma não conseguir senão uma assimilação vazia de palavras, um verbalismo puro e simples que estimula e imita a existência dos respectivos conceitos na criança, mas, na prática, esconde o vazio. Em tais casos, a criança não assimila o conceito, mas a palavra, capta mais de memória que de pensamento e sente-se impotente diante de qualquer tentativa de emprego consciente do conhecimento assimilado. No fundo, esse método de ensino de conceitos é a falha principal do rejeitado método puramente escolástico de ensino, que substitui a apreensão do conhecimento vivo pela apreensão de esquemas verbais mortos e vazios.

Para Vygotsky, há uma relação de interdependência entre os processos de desenvolvimento do sujeito e os processos de aprendizagem, sendo esta última um importante elemento mediador da relação do homem com o mundo, interferindo no desenvolvimento humano. O ensino escolar, para ele, não pode ser identificado como desenvolvimento, mas sua realização eficaz resulta na formação intelectual do aluno, ou seja, o bom ensino é aquele que adianta os processos de desenvolvimento. Para explicar as possibilidades de a aprendizagem influenciar esse processo, Vygotsky (1984, p. 97) formula o conceito de "zona de desenvolvimento proximal" (ZDP), assim definida:

> (...) a distância entre o nível de desenvolvimento real, que se costuma determinar através da solução independente de problemas, e o nível de desenvolvimento potencial, determinado através da solução de problemas sob a orientação de um adulto ou em colaboração com companheiros mais capazes.

Esse conceito, por suas implicações pedagógico-didáticas, tem sido bastante destacado nas análises e nas propostas sobre ensino escolar que adotam essa linha (cf., por exemplo, Onrubia 2001; Góes 1991, 2001; Hedegaard 2002; Baquero 1998). De fato, a possibilidade de criar ZDPs no ensino, ou de atuar nessas zonas e de, com isso, estimular uma série de processos internos e trabalhar com funções e processos ainda não amadurecidos nos alunos, mune o professor de um instrumento significativo na orientação de seu trabalho.

O trabalho escolar com a ZDP tem relação direta com o entendimento do caráter social do desenvolvimento humano e das situações de ensino escolar, levando-se em conta as mediações histórico-culturais possíveis nesse contexto. Para Vygotsky, o aluno é capaz de fazer mais com o auxílio de outra pessoa (professores, colegas) do que faria sozinho; assim, o trabalho escolar deve se voltar especialmente para essa "zona" em que se encontram as vivências dos alunos e suas capacidades e habilidades em amadurecimento. O trabalho docente voltado para a "exploração" da ZDP e para a construção de conhecimentos nela possibilitada deve estar atento ao processo de construção pelo aluno e à complexidade do contexto, que envolve as múltiplas influências sociais presentes nas relações do aluno na escola. Góes (2001) chama a atenção para isso, alertando para o fato de que as interações de parceria e cooperação entre crianças e entre elas e o professor podem ser tensas e conflituosas, não podendo ser vistas estritamente no sentido de mediação harmoniosa e de caráter pedagógico homogêneo.

Embora os alunos que compõem uma turma sejam diferentes entre si, mantendo divergências nem sempre harmoniosas, é possível trabalhar em conjunto, com base na concepção de ZDP e com o objetivo de provocá-la com atividades que possam envolver pequenos grupos de alunos ou toda a turma. O mais importante é direcionar as atividades procurando envolvê-los, para que eles desenvolvam seu pensamento por meio dos conteúdos, numa abordagem que estabeleça relações efetivas entre os conceitos científicos, suas teorias e seus modos de formulação e as diferentes manifestações empíricas que podem identificar. Essa abordagem pode ser chamada, segundo Hedegaard (2002), de "movimento duplo". A preocupação dessa autora é a de "criar zona de desenvolvimento proximal por meio do envolvimento da criança em novos tipos de atividade" (p. 210). Sua preocupação se justifica, tendo em vista que, comumente, conforme ela própria aponta, a maior parte dos conhecimentos escolares veiculados é empírica, constituída por conteúdos apresentados como fatos ou textos informativos, com pouca relação com o mundo cotidiano.

Destacando essa característica de artificialidade dos conhecimentos escolares, Engeströn (2002, pp. 191-193) discute como superar a "encapsulação" da aprendizagem escolar. Nesse sentido, propõe a "teoria da aprendizagem expansiva" ou "por expansão". Com base nessa teoria, sugere como passo inicial (mas tomando o cuidado de afirmar a não linearidade de passos) para romper a encapsulação "convidar" os alunos a olhar criticamente para seus conteúdos e procedimentos, à luz de sua história. Formula como abordagem o "contexto da crítica", por meio do qual se encaminham atividades, visando a um "olhar rigoroso sobre os livros didáticos e currículos em áreas particulares de conteúdo", com "procedimentos metacognitivos substanciais" e também com elementos da abstração, confrontando-se seus conhecimentos cotidianos, buscando levar os alunos a aprender algo que "ainda não está ali". Essa proposta é interessante para encaminhar atividades no ensino de geografia, para que seus conteúdos saiam das "cápsulas" do currículo instituído (nos livros didáticos, nas teorias acadêmicas), num processo dinâmico de instituição de conteúdos curriculares, em articulação com a prática e com o contexto social mais imediato, entrando em relação mais estreita com a vida dos alunos. Nesse processo, incluem-se a problematização e a abstração/generalização, propiciando desenvolvimento do pensamento conceitual dos alunos.

Assim, professores abertos e sensíveis ao diálogo com seus alunos buscam contribuir para o processo de atribuição de significados aos conteúdos trabalhados, baseados em cada contexto específico, de acordo com as representações dos alunos, considerando suas capacidades individuais e de grupo, mas dirigindo o processo a fim de promover aprendizagem – formação de conceitos – "adiantando" seu desenvolvimento, buscando "quebrar" barreiras entre conhecimentos científico, escolar e cotidiano.

8
GEOGRAFIA ESCOLAR E PROCEDIMENTOS DE ENSINO DE UMA PERSPECTIVA SOCIOCONSTRUTIVISTA*

É um grande desafio a proposta de desenvolver ideias a respeito de procedimentos no ensino de geografia, pois eles são frequentemente considerados "receitas" técnicas de como dar uma boa aula, o que termina por levar a uma resistência em colocar esse tema como pauta de discussão. É preciso, no entanto, encontrar meios de debater sobre modos de encaminhar atividades cotidianas de ensino sem que isso seja tomado como um simples ato de repassar fórmulas. Neste capítulo, aliás, não há referências a métodos e procedimentos propriamente novos, mas a alguns já bastante utilizados, para que possam ser tratados na sua inserção em uma proposta de ensino de geografia na linha do pensamento de Vygotsky.

O caminho mais adequado para desenvolver o tema de procedimentos no ensino de geografia é o de uma reflexão inicial sobre

---

*   Este capítulo é uma versão revista de artigo com o mesmo título publicado em Cavalcanti (2002).

objetivos. Ensino é um processo de conhecimento do aluno mediado pelo professor, no qual estão envolvidos, de forma interdependente, os objetivos, os conteúdos, os métodos e as condições e formas de organização. Nesse processo, os objetivos devem nortear os conteúdos e os métodos. Por sua vez, os métodos delineiam a estruturação dos conteúdos escolares. E os procedimentos são as formas operacionais do método de ensino, isto é, são atividades para viabilizar o processo didático, tal como ele é concebido teórica e metodologicamente. São formas cujos conteúdos são os encaminhamentos efetivados para o processo de conhecimento pelo aluno.[1] Portanto, nesse caso, os procedimentos estão vinculados aos conteúdos geográficos e às práticas escolares; por isso, inicia-se o capítulo com sua caracterização.

A escola e a geografia como "lugares" de cultura

A escola é um espaço de encontro e de confronto de saberes produzidos e construídos ao longo da história pela humanidade. Ela lida com a cultura, seja no interior da sala de aula, seja nos demais espaços escolares. A geografia escolar é uma das mediações pelas quais esse encontro e esse confronto se dão. A geografia escolar também é, no espaço escolar, um lugar de cultura (de culturas).[2]

De acordo com Forquin (1993), na escola lidamos basicamente com três tipos de cultura: a cultura escolar, a cultura da escola e a cultura

---

1. Neste capítulo, procedimentos de ensino têm o sentido de ações a serem realizadas pelo professor e pelos alunos para viabilizar o método, atingindo, com isso, os objetivos e os conteúdos, o que corresponde ao seguinte entendimento: "O procedimento é um detalhe do método, formas específicas da ação docente utilizadas em distintos métodos de ensino" (Libâneo 1994, p. 152).
2. Cultura é um termo polissêmico. Na linha deste capítulo, considera-se cultura uma teia de significados mais ou menos compartilhados por grupos, não como algo externo aos sujeitos que a constroem, mas como um conjunto dinâmico de significações construídas historicamente e que atuam nos processos de identificação dos diversos sujeitos sociais.

dos professores e alunos. *Cultura escolar* (seleção arbitrária – cultura – do repertório cultural da humanidade) é o conjunto dos conteúdos cognitivos e simbólicos que, selecionados, organizados e normatizados, constituem habitualmente o objeto de uma transmissão deliberada na escola. *Cultura da escola* (desenvolvida no cotidiano da escola) é o conjunto de saberes e práticas da escola, entendida como um mundo social, que tem suas características próprias, seus ritmos e seus ritos, sua linguagem. *Cultura dos alunos e professores* é a construída pelos agentes do processo escolar em sua experiência cotidiana, fora da escola, com os grupos sociais aos quais pertencem. Alunos e professores de diferentes meios sociais chegam à escola portando certas características culturais que influenciam a maneira pela qual respondem às solicitações e às exigências inerentes à situação de escolarização.[3] A interação de escola e cultura implica considerar essas diversas acepções.

Cultura escolar são os conteúdos escolares, sistematizados, entre os quais os referentes à geografia. Esses conteúdos se configuram historicamente e têm sua presença na escola pela sua relevância social. Sua inclusão no currículo, a despeito da tradição marcada pelo formalismo, pelo verbalismo e pelo empirismo, deve-se à necessidade que têm os alunos de apreender o espaço como dimensão da prática social cotidiana. Geografia é efetivamente uma prática social que ocorre na história cotidiana dos homens.

Cultura da escola é conjunto de práticas construídas na escola, pela escola e para ela. Conforme Forquin (1993, p. 167), a escola é um mundo social, com seus próprios ritmos, ritos, linguagem, imaginário, com "seus modos próprios de regulação e de transgressão, seu regime próprio de produção e de gestão de símbolos". Estão incluídos aí as normas e os padrões que regulam as atividades de sala de aula. O formalismo é característica dessa cultura, que se expressa na ritualização e na rotinização das atividades. No entanto, a escola é uma instituição social que tem suas contradições e suas ambiguidades. Embora seja comum

---

3. Incluem-se aí elementos das culturas jovens, como se apresentou no Capítulo 6.

verificar a existência de uma cultura dominante na escola, que talvez seja limitadora de procedimentos mais criativos e vivos, ela não é homogênea, ao contrário, é heterogênea, permite o encontro de diferentes práticas e pensamentos e o confronto de saberes, do verbalismo com o simbolismo, do real congelado com o próprio real, do formal com o informal. É nessa heterogeneidade da cultura da escola que está a possibilidade de o professor operar no sentido de sua reconstrução, para potencializar seu papel de intermediação. Como afirma Gimeno Sacristán (1996, p. 42):

> O conhecimento escolar elaborado pelos usos escolares e pelos controles externos à escola consegue, às vezes, acertos nessa intermediação, através de propostas de textos, atividades e atuações dos professores que mantêm a qualidade cultural ou que refletem os valores culturais do conteúdo.

Cultura dos alunos e professores são os conteúdos culturais dos sujeitos da escola, que influenciam direta e indiretamente a maneira pela qual esses sujeitos respondem às solicitações e às exigências inerentes à situação de escolarização, em que se pode destacar o processo de construção de saberes. Trata-se da cultura subjetiva e intersubjetiva que orienta ou que sustenta a ação dos sujeitos (Gimeno Sacristán 1996). Essa consideração requer procedimentos de abertura na sala de aula para a diversidade cultural. A geografia lida com os lugares, com os lugares que são diferentes, com as diversas culturas; esses lugares podem ser pontos de referência no trabalho escolar, tendo em vista o procedimento a ser adotado. Trata-se, portanto, de uma educação intercultural, postura diante de uma sociedade multicultural da relação entre as diferenças (Candau 1998). Essa postura fomenta a solidariedade e a reciprocidade entre culturas.

> O ensino multicultural põe em ação certas escolhas pedagógicas, que são ao mesmo tempo escolhas éticas ou deontológicas, isto é, leva em conta deliberadamente e num espírito de tolerância, nos seus conteúdos e nos seus métodos, a diversidade de pertencimentos e referências culturais dos públicos de alunos aos quais ele se dirige. (Forquin 1993, p. 137)

Essa é uma proposta político-pedagógica que defende o exercício de uma prática na sala de aula e na escola que se fundamenta em princípios democráticos. Como lugar de cultura (de culturas), a escola – o ensino de diferentes matérias escolares e os procedimentos de ensino – deve ser pensada considerando-se a cultura dos alunos e dos professores em geral e de cada aluno/professor em particular. Considera-se, assim, que a definição de conteúdos escolares não é tarefa de agentes externos à escola, ao contrário, é parte de um projeto político-pedagógico discutido e assumido pela escola. Esse projeto pode ser construído com base nessa visão ampla de cultura, numa concepção de escola e da geografia como "lugares" de culturas. Assim fundamentado, esse projeto pode, na definição de suas atividades curriculares, acentuar e incentivar atitudes interdisciplinares, seja na descompartimentalização entre os saberes, seja na integração de disciplinas, favorecendo a invenção e a criatividade intelectual. Essa fundamentação pode também levar ao encaminhamento das atividades de ensino que privilegiam a interação entre os sujeitos do processo e os objetos do conhecimento, tanto naquelas menos diretivas, em que interessam mais as iniciativas individuais e a autonomia do grupo, quanto nas mais diretivas, como a aula expositiva, com enfoque predominante na atividade do professor.

Procedimentos de ensino e organização do trabalho docente

O entendimento de ensino, de escola e de geografia escolar aqui apresentado é base para a escolha de procedimentos no ensino. Mais que a escolha de determinadas técnicas ou modalidades de aula, os procedimentos são os elementos para seu desencadeamento, considerando-se o destaque ou a sequência de cada uma delas.

A concepção de ensino aqui formulada não exclui as formas mais convencionais de realizar o ensino de geografia, como as aulas expositivas e os trabalhos em grupo na sala de aula, já que o que importa não é exatamente o tipo de procedimento utilizado, mas a garantia da possibilidade de atividade intelectual dos alunos. Neste capítulo, porém, busco acentuar a importância de procedimentos alternativos, com o intuito de analisar suas potencialidades e possibilidades de realização nas condições reais das escolas públicas e privadas do país.

Na escolha de procedimentos, deve-se pensar no processo de ensino em seus diferentes momentos. Libâneo (1994), ao expor uma estruturação didática da aula ou do conjunto de aulas, distingue fases ou passos didáticos, sem considerá-los, todavia, de forma mecânica, linear e estanque. Por entender que essas fases correspondem, no geral, ao andamento mais comum das atividades de ensino, julgo adequado apresentar e analisar procedimentos na sequência dessas fases.

Preparação e introdução da matéria

Esses momentos no ensino consistem na preparação prévia do professor e dos alunos para o trabalho, quando é necessário mobilizar e suscitar o interesse do aluno, bem como organizar o ambiente. É fundamental, nessas ocasiões, que o professor faça ligações do conteúdo com a matéria anteriormente estudada e com o conhecimento cotidiano do aluno. É preciso, sobretudo, problematizar o conteúdo a ser estudado.

Algumas ações do professor são recomendáveis nesses momentos, as quais denominei em outro texto (Cavalcanti 1998) de ações didáticas socioconstrutivistas: propiciar atividade mental e física dos alunos e considerar a vivência dos alunos como dimensão do conhecimento.

São vários os procedimentos adequados na introdução dos estudos de geografia, desde que se observem os objetivos a serem alcançados e as ações a serem implementadas, tais como: painel progressivo, tempestade mental, exposição dialogada/problematizadora, atividades extraclasse – observação, entrevista, leitura de texto, exposição/trabalho com álbum seriado, apresentação de fotografias e mapas.[4] Para este capítulo, considerei

---

4. Na literatura da área, há manuais que trazem a descrição e a explicação de várias dessas técnicas de ensino que podem ser consultadas pelos professores, como de Veiga (1991) e de Antunes (1996, 2000).

importante comentar as atividades de observação da paisagem e o trabalho com formas diferentes de linguagens da sociedade tecnológica.

A observação da paisagem – Este é um procedimento no ensino a ser estimulado pelo professor em vários momentos, mas, ao iniciar um estudo novo, a observação é fundamental para produzir motivações com base na problematização do tema. A observação de seres ou objetos encontrados pelos alunos deve ser, assim, guiada por sua curiosidade e suas necessidades mais imediatas. Na geografia, a paisagem, como dimensão aparente da realidade, constitui uma dimensão a ser observada inicialmente. A observação direta, por exemplo, de um lugar de vivência do aluno, ou indireta, de uma paisagem representada, pode fornecer elementos importantes para a construção de conhecimentos referentes ao espaço nela expresso. Nesse sentido, é importante que esses elementos sejam sistematizados e estudados no momento seguinte do trabalho.

A observação, como foi dito, pode ser direta ou indireta. A possibilidade de observar um objeto diretamente está condicionada à natureza do tema estudado e às condições de trabalho na escola. É uma atividade que pode ser feita em grupo, nos momentos de aula, com acompanhamento do professor – por exemplo, num passeio pelas imediações da escola ou individualmente, como atividade extraclasse, na forma de observações de paisagem feitas pelos alunos no trajeto da casa à escola.

Essa atividade também pode ser indireta, quando não for possível a observação direta. Ela é bastante produtiva se bem-conduzida nas aulas ou bem-orientada fora delas. São atividades feitas com os recursos de representações de paisagem em figuras, mapas, filmes, mídias, imagens virtuais (Google e outros *sites* de busca).

Em qualquer caso, é importante que o professor fique atento, para que essa atividade não se transforme em mais uma formalidade a ser cumprida pelo aluno na escola. É necessário que haja um envolvimento real com a atividade e que essa seja dirigida para a problematização da realidade observada.

A observação é uma atividade seletiva, pois depende de requisitos do observador. A seleção de elementos, por exemplo, é feita com base em instrumentos conceituais e na sensibilidade e curiosidade de quem observa. Trata-se de uma habilidade que pode ser desenvolvida na escola, e particularmente na geografia, que tem nas formas espaciais (paisagem) um primeiro nível de análise do próprio espaço. É importante, para que essa habilidade seja desenvolvida, que o aluno possa descrever aquilo que observa (que pode ser nos momentos de sala de aula, após uma atividade de observação), possa ouvir o que os outros observam – e que possam juntos questionar o que viram na paisagem e o que não viram ou o que só alguns não viram – e que possa, enfim, refletir sobre o que foi individual e coletivamente observado.

O trabalho com a linguagem da sociedade tecnológica (música, poesia, literatura, cinema, audiovisual, televisão, computador, jogo eletrônico, internet) – Um grande desafio enfrentado atualmente pelos professores na prática de ensino é o de considerar que o trabalho escolar se insere em uma sociedade plena de tecnologia. O mundo de hoje é um mundo de grandes avanços tecnológicos, sobretudo nas áreas das chamadas tecnologias da comunicação e informação – as TICs. O aluno é um sujeito permanentemente estimulado pelos artefatos tecnológicos: TV, vídeo, *games*, computador, internet. Ainda que ele não seja dono de uma série deles, esse mundo já "entrou" em sua cabeça pela TV e por outros meios, ditando os ritmos e os movimentos da sociedade atual, os padrões e os valores da vida, as linguagens e as leituras de mundo.

Enquanto isso, muitas escolas permanecem muito pobres em recursos didáticos, muito distantes dessas inovações tecnológicas, ao passo que outras escolas não utilizam e/ou subutilizam os equipamentos que têm. Mesmo que seja assim, o professor já não pode realizar seu trabalho em sala de aula sem levar em conta esse mundo, porque é o mundo dos alunos, é a sua linguagem. Desse modo, há que se destacar sua potencialidade para levar o aluno a perceber, por exemplo, a geografia no cotidiano, para fazer a ponte entre seu conhecimento cotidiano e o científico, para problematizar o conteúdo escolar e se basear em outras linguagens e de outras formas de expressão.

A sociedade contemporânea se caracteriza por grandes transformações nessas linguagens, oriundas de conquistas das novas tecnologias. Os avanços nessa área têm sido analisados de diversos pontos de vista, e um deles é o de sua incorporação no cotidiano da sociedade – através da TV, do rádio, do telefone, do celular, do computador, da internet (principalmente em *sites* de busca e redes de relacionamento), dos DVDs, dos *tablets*. Segundo Kenski (1996, p. 129):

> A ampliação de uso dos multimeios, como o CD-ROM e os discos óticos (em que ocorre a integração da palavra, som e imagem), transforma não apenas as formas de comunicação por meio da leitura e da escrita dos textos, mas a produção, a reprodução e o armazenamento das informações.

Num mundo cheio de tecnologias, no qual o espetáculo da vida no globo e mesmo no universo é exaustivamente representado pelas diferentes linguagens, como serão as aulas de geografia? As salas de aula tradicionais deixarão de existir para serem substituídas por teleaulas? Libâneo (1998, p. 40) acredita que as escolas ainda funcionarão por muito tempo com alguns elementos de sua estrutura tradicional: sala de aula, professores, quadros de escrever e cadernos. Faz, porém, uma advertência:

> As mudanças tecnológicas terão um impacto cada vez maior na educação escolar e na vida cotidiana. Os professores não podem mais ignorar a televisão, o vídeo, o cinema, o computador, o telefone, o fax, que são veículos de informação, de comunicação, de aprendizagem, de lazer, porque há tempos o professor e o livro didático deixaram de ser as únicas fontes do conhecimento. Ou seja, professores, alunos, pais, todos precisamos aprender a ler sons, imagens, movimentos e a lidar com eles.

Kenski (1996), por sua vez, afirma que o sentido de articular a linguagem da escola com a linguagem das mídias (ou articular a cultura da escola com a cultura das mídias) é o de dialogar com as diferentes culturas e de ajudar o aluno a "processar" melhor a linguagem das mídias, cheia de informações fragmentadas e superficialmente produzidas. Assim, argumenta:

> A partir dessas interações comunicativas, da incorporação das imagens televisivas, das vivências e dos conhecimentos fragmentados, virtualmente adquiridos através das interações dos sujeitos com os meios de comunicação de massa, é que se pode começar a pensar em procedimentos didáticos que organizem e articulem estas imagens, estes sons e estas emoções para tornar mais vivo e dinâmico o cotidiano das nossas salas de aula (...). Independente da existência dos recursos audiovisuais dentro da sala de aula, eles se fazem presentes virtualmente, através das imagens e dos sons incorporados às memórias dos sujeitos que freqüentam a sala de aula. (Kenski 1996, p. 139)

Essa cultura da mídia está, então, presente na sala de aula, no imaginário, nas representações dos professores e alunos, e precisa ser recuperada e trabalhada na escola. Para isso, a autora ressalta que nem é preciso que os recursos tecnológicos estejam presentes nas aulas. Considero necessário, no entanto, indicar aqui o empenho em utilizar o máximo possível os recursos tecnológicos disponíveis na escola, em função de seu valor didático, não apenas por estar consoante com a cultura dos alunos, podendo assim motivá-los mais para o estudo, mas também porque por eles é possível potencializar a aprendizagem, seja pelo acesso à informação e pelo intercâmbio que oferecem, seja pelas possibilidades de interatividade e simulação nos exercícios, o que pode explorar a construção mental. É recomendável, assim, que o professor vença sua dificuldade em utilizá-los, sem cair em seu fascínio pelo modismo ou pelo apelo ao sofisticado, e se aproprie deles como ferramentas auxiliares em seu trabalho.

A cultura produzida neste mundo de tecnologias é repleta de informações geográficas. Os filmes, os desenhos, as charges, as fotografias, os *slides*, os anúncios de publicidades, os DVDs, as músicas, os poemas representam frequentemente, e das formas mais variadas, o mundo, os lugares do mundo, os fenômenos geográficos, as paisagens. Alguns lugares, alguns fenômenos geográficos são tão bem-trabalhados e explorados pela mídia, de uma forma tão eficiente ao fim a que se presta, que as pessoas parecem ter vivenciado, experienciado tais lugares e tais fenômenos. Tanto é assim que sua indicação nos momentos iniciais do estudo de um tema se deve às potencialidades para trabalhar, por seu intermédio, com as representações sociais dos alunos e dos próprios professores. Nesses momentos, devem ser criadas condições para o trabalho mais sistemático com o tema.

Na geografia, o debate sobre as representações de seus conteúdos na mídia, que ficou conhecida como geografia-espetáculo, já estava presente antes mesmo de a preocupação com a sociedade tecnológica assumir a proporção atual. Naquele contexto, havia uma preocupação acentuada com o conteúdo ideológico dessa geografia e uma ressalva quanto ao perigo de seu uso acriticamente. A esse respeito, argumentava Lacoste (1988, p. 35):

> A impregnação da cultura social pelas imagens-mensagens geográficas difusas, impostas pela *mass media,* é historicamente um fenômeno novo, que nos coloca em posição de passividade, de contemplação estética, e que repele ainda para mais longe a idéia de que alguns podem analisar o espaço segundo certos métodos a fim de estarem em condições de aí desdobrar novas estratégias para enganar o adversário e vencê-lo.

Brabant (1989, p. 20) também fez, naquele contexto, considerações a respeito: "Todos os professores acusam a concorrência desleal dos meios de comunicação. Estes utilizam o que se pode chamar de geografia-espetáculo, que tende a relegar a geografia escolar ao mundo da pré-história".

Atualmente, continuam válidas as ressalvas dos autores citados. No entanto, não creio que se deva discutir a questão das diferentes culturas veiculadas no mundo da escola em termos de concorrência, desleal ou não. A discussão que me parece mais adequada é a da necessidade de conexão dessas diferentes culturas na escola e a do modo como trabalhar com elas. Nas palavras de Kenski (1996, p. 143):

> A escola precisa aproveitar a riqueza de recursos externos, não para reproduzi-los em sala de aula, mas para polarizar essas informações, orientar as discussões, preencher as lacunas do que não foi apreendido, ensinar os alunos a estabelecerem distâncias críticas com o que é veiculado pelos meios de comunicação.

De todo modo, é importante não tomar como pressuposto uma unicidade de cultura, com a dominação da sociedade tecnológica; na verdade, há uma hibridização na cultura dos jovens e é possível verificá-la quando se percebem as diferentes motivações dos alunos. Como assinala Leite (2009), não se pode simplificar a questão da falta de motivação dos alunos atribuindo-a à "condição da geração videoclipe", ao contrário, deve-se relativizar a ruptura total das práticas "anteriores" na era das TICs.

Tratamento didático da matéria nova

Esta fase constitui o momento do estudo mais sistemático do conteúdo, do investimento na formação e na ampliação de conceitos, na construção e na reconstrução de conhecimentos. Devem ser priorizadas, aqui, atividades de ensino que ativem operações mentais dos alunos de conceituação, comparação, análise e síntese.

As ações didáticas consideradas mais adequadas para esses momentos são as seguintes: estabelecer situação de interação e cooperação entre os alunos; intervir no seu processo de aprendizagem; apresentar informações, conceitos e exercitar memorização de dados; manter relação dialógica com os alunos e entre eles (Cavalcanti 1998).

Os procedimentos sugeridos são: exposição do professor, leitura e interpretação de textos, discussão, projeção de filmes, debate, projetos e exposição de pesquisa, estudo do meio, trabalho de manuseio, análise e construção de mapas (sínteses construídas). Dos procedimentos, destaco os projetos de investigação e o estudo do meio.

Os projetos de investigação – Este tipo de procedimento tem sido proposto com bastante frequência nos últimos anos, constituindo-se numa retomada de métodos ativos. A busca de uma prática pedagógica alternativa ao ensino convencional e o destaque ao ensino ativo e criativo têm levado a procedimentos de investigação na escola, chegando até a denominar uma metodologia – a pedagogia dos projetos. A sugestão desse procedimento no âmbito deste capítulo não significa a adoção dele como forma de organização de conteúdos e atividades de ensino, mas o entendimento de que a pesquisa é importante na prática do ensino de geografia.

A discussão sobre a relação entre ensino e pesquisa não é recente, mas é atual. Na perspectiva de ensino aqui postulada, é possível um posicionamento sobre essa relação nos seguintes termos: o ensino não pode ser considerado uma atividade equivalente à pesquisa (*stricto sensu*); no ensino, ocorre um processo de conhecimento pelo aluno, mas trata-se de um processo mediado, porque não é um processo direto de investigação do sujeito diante de um objeto desconhecido. Ele é dirigido intencionalmente por um elemento mediador, que é o professor. Os objetos de conhecimento, na maioria das vezes, são apresentados pelo professor já como uma determinada representação do objeto. Nesse entendimento, pode-se falar em ensino com pesquisa, ou seja, a pesquisa como um procedimento no ensino, que, como os outros procedimentos, é dirigido e mediado pelo professor.

A par disso, está subjacente aqui o entendimento de ensino como produção de conhecimento, que pressupõe a pesquisa como uma atitude no ensino, como um princípio educativo (em todos os momentos do ensino e em outros procedimentos), que fundamenta práticas de ensino que visam despertar a curiosidade e o desejo da descoberta, da criação, e exercitar a elaboração pessoal de conhecimentos (Demo 1990; Cunha 1996). Ele pode ser entendido como:

Uma unidade significativa e prática de atividade dotada de valor educativo e voltada para uma ou mais metas definidas de compreensão; implica investigação e resolução de problemas (...) planejada e realizada até sua culminância pelo aluno e pelo professor de um modo natural como na vida. (Jiménez 1996, p. 143)

O mesmo autor, citando Beaumont e Williams, aponta as seguintes características dos projetos no ensino: implicam a solução de um problema (formulado pelo aluno ou não); supõem a iniciativa de um aluno ou grupo de alunos; têm como resultado um produto na forma de informe ou dissertação; o trabalho pode prolongar-se durante um considerável período de tempo e nele os professores desempenham um papel mais assessor e menos autoritário.

Assim como os outros procedimentos enfocados, o desenvolvimento de projetos na escola tem a peculiaridade de ser um método ativo e interativo – que provoca um envolvimento maior do aluno, que busca a ligação de diferentes saberes no espaço escolar, dado seu caráter interdisciplinar –, ainda que possa ser desenvolvido no âmbito de uma matéria específica. É um tipo de procedimento que requer uma compreensão mais globalizadora do conteúdo e com ele há maior possibilidade de convergir, de articular, de relacionar conhecimentos. São, na visão de Castellar e Vilhena (2010, p. 120), "exemplos de ações que articulam algumas áreas do conhecimento para estudar determinado conceito, ampliando as inovações pontuais".[5]

O desenvolvimento de projetos na escola permite que se alcancem os seguintes objetivos: a construção de conhecimentos pelo aluno (formação de atitude indagadora, capacidade de identificar problemas, de construir conceitos e de processar informações); a prática da busca de

---

5. Essas autoras apresentam nesse texto uma orientação de projeto com o tema "Cidade". Além dessa referência, também se pode consultar o texto de Azambuja (2011), que apresenta características do que ele denomina metodologias cooperativas para o ensino de geografia, como unidade temática, situação-problema e estudo do meio; entre elas, ele expõe a metodologia de projetos.

conhecimento; a prática do trabalho coletivo (importante do ponto de vista afetivo e disciplinar, pois favorece a cooperação nos trabalhos, a divisão de tarefas e o respeito ao trabalho do outro; e, do ponto de vista intelectual, favorecendo a construção potencializadora do desenvolvimento); a tomada de decisões sobre aspectos da realidade pesquisada e a habilidade para apresentação de resultados de investigação.

Convém destacar que esses são objetivos gerais a serem perseguidos no desenvolvimento de uma atividade de projeto na escola e têm uma finalidade formativa. Assim, as diferentes fases da realização de projetos – a preparação, as etapas de pesquisa e a apresentação dos resultados – devem ser observadas e avaliadas com os alunos. Hernández e Ventura (1998) apresentam interessantes exemplos de projetos de trabalho na escola, com detalhamento de suas diferentes fases de realização e com a sequência de atividades desenvolvidas pelos professores e alunos.[6] Dados os limites deste capítulo, considero apenas que a investigação didática, embora não seja equivalente à pesquisa científica propriamente dita, pode se orientar por ela, ficando sua adaptação ao ensino a cargo dos professores e alunos que a experimentam.

Os temas que a geografia trabalha são, no geral, adequados à atividade de projetos. É preciso distinguir, contudo, uma pesquisa mais convencional no ensino, do tipo do estudo dirigido, em que o professor define um conteúdo a ser "pesquisado" em casa, daquela que aqui está sendo definida na metodologia de projetos. No último tipo, trata-se de uma pesquisa mais autêntica, em que o sujeito (geralmente grupo de alunos) é "tocado", é "acionado" por um problema real que quer resolver, quer buscar realmente compreender melhor.

Nesse sentido, para que um tema de ensino de geografia seja de pesquisa, é fundamental sua problematização (não importa nesse caso se o tema é definido pelo professor ou pelo aluno), de maneira que se torne um problema de todo o grupo envolvido.

---

6. Enriquece a visão desse procedimento e de seus resultados escolares o relato de pesquisa apresentado por Koff (2009), sobre o cotidiano e os depoimentos de sujeitos envolvidos com ele em uma escola específica no Rio de Janeiro.

Por isso, é necessário que um conteúdo mais amplo da geografia, sistematizado, seja passível de estar "representado", materializado em um objeto a ser pesquisado pelo aluno. Por exemplo: o conteúdo da geografia urbana pode ser estudado por uma pesquisa específica, em que se investiga apenas um aspecto dessa geografia, na forma como ocorre em uma cidade específica. Temas como a relação dos habitantes de uma cidade com o seu lugar, a segregação espacial em um determinado bairro da cidade, as alterações de trânsito em determinadas ruas, o crescimento horizontal e vertical de habitações em áreas da cidade podem se tornar, assim, meios pelos quais os alunos vão construir uma determinada compreensão de cidade e de sua dinâmica espacial.

Outros temas podem ser desenvolvidos na forma de pesquisa didática, como alguns pontos específicos de conteúdos que precisam de aprofundamento. Esses pontos tanto podem estar vinculados ao interesse dos alunos quanto ao grau de dificuldade apresentado por eles ou por sua vinculação a algum outro tema, de outra matéria, já pensado para ser pesquisado. Nesse caso, podem ser ligados à questão ambiental da atualidade, à natureza e sua dinâmica, ao espaço geográfico e ao movimento dos sem-terra no Brasil, à explicação da fome na região Nordeste.

O estudo do meio – O estudo do meio é um tipo de atividade escolar que pode estar ligado a uma atividade de pesquisa mais ampla, quando constitui uma de suas etapas, ou pode ser desenvolvido como um procedimento específico para tratamento de conteúdos de geografia. Ele tem longa tradição nas práticas de ensino e, em particular, nos estudos geográficos, dada a característica dessa ciência de lidar com o meio. Essa denominação é bastante conhecida e não há por que não mantê-la neste capítulo, desde que se entenda que meio não se refere apenas ao natural, uma vez que nele se inter-relacionam natureza e sociedade. Nesse sentido, é importante lembrar:

> Estudar o meio, o meio ambiente, a realidade, a vida (ou qualquer que seja o vocabulário escolhido) significa tentar encontrar elementos para melhor compreender a interação do homem com o mundo, o que se faz a partir de determinado ponto de vista ou enfoque teórico.
> (Feltran e Feltran Filho 1991, p. 125)

Assim como os projetos de investigação no ensino, o estudo do meio tem sua ligação em teorias da educação de cunho não diretivo, vinculando-se aos pensamentos pedagógicos de Rousseau, Pestalozzi e Dewey. Nesses pensamentos, destaca-se a diretriz geral de propiciar o contato direto do aluno com seu meio imediato, exercitando a intuição em trabalhos de campo e excursões. Caracteriza-se por ser um método ativo e interativo e por requerer um trabalho interdisciplinar.

O objetivo do estudo do meio no ensino é mobilizar, em primeiro lugar, as sensações e as percepções dos alunos no processo de conhecimento, para, em seguida, proceder à elaboração conceitual. É necessário estar atento aos seus objetivos e ao encaminhamento das atividades, para, assim, adequá-lo às possibilidades e às necessidades dos estudos realizados. Por exemplo, podem ser considerados estudo do meio tanto uma excursão de média duração a lugares distantes quanto um passeio a pé nas dependências da própria escola ou em suas imediações, desde que tal passeio esteja voltado para a mobilização de sensações, percepções, representações, conhecimentos dos alunos, acionados pelo contato direto com o "meio" de estudo, com o "meio" do próprio grupo envolvido. É um procedimento em que a geografia do cotidiano do aluno deve ser aflorada e reconstruída com a atividade. Não se quer com isso restringi-lo a um procedimento ativo que busca o estudo do meio imediato do aluno, pois, como afirma Ogallar (1996, p. 163), "quando isso ocorre, chega-se a posturas radicais, de maneira que só interessa o que o aluno indaga por si mesmo dentro de seu entorno".

A indicação desse procedimento para o ensino de geografia deve-se ao valor pedagógico que têm as saídas a campo para o estudo da paisagem, da natureza, de espaços específicos como fábricas, parques, equipamentos urbanos e do espaço geográfico em geral. Mas o destaque atual não se insere na lógica tradicional do estudo geográfico que se traduz na descrição da paisagem.[7] O entendimento é o de que essa é apenas uma etapa para a compreensão do espaço geográfico. Para tanto, é preciso planejar o

---

7. No livro de Pontuschka *et al.* (2007), há indicações de diferentes procedimentos para o ensino de geografia, como o trabalho com textos escritos, com a linguagem cinematográfica, com representações gráficas (croquis, cartas/mapas mentais,

trabalho de campo (estudo do meio), garantindo o cumprimento de suas etapas essenciais, quais sejam: a) preparação – neste momento, são mais importantes a mobilização do aluno, a problematização do conteúdo, o contato com alguma representação do meio a ser estudado (textos, mapas, fotos); b) realização do trabalho – consiste na observação, no registro e na descrição do que os alunos observam na coleta de informações; c) exploração do trabalho realizado em sala de aula – nesta etapa, podem ser feitos as sínteses do trabalho, o estudo na literatura disponível de temas levantados no trabalho de campo e a exposição dos resultados.

Esses procedimentos são adequados ao estudo de geografia por seus valores didáticos (Ogallar 1996): a) favorecem a conceitualização geográfica; b) permitem o desenvolvimento de destrezas procedimentais relacionadas com a medição de distâncias, alturas, frequências etc.; c) desenvolvem a capacidade de observação; d) permitem a elaboração de visões integradas de aspectos convencionalmente tratados de modo separado no ensino; e) propiciam a comparação, a identificação de semelhanças e diferenças entre áreas e paisagens; f) permitem uma perspectiva ambiental sobre o entorno e uma busca de soluções para os problemas ambientais; g) constituem um marco único para o desenvolvimento de destrezas cartográficas.

Consolidação, aprimoramento e aplicação dos conhecimentos e das habilidades: Controle e avaliação dos resultados escolares

A fase de consolidação e aplicação dos conteúdos, bem como o controle e a avaliação dos resultados, têm por fim aprofundar o conhecimento dos alunos e propiciar oportunidades de utilização desse conhecimento de modo criativo.

As ações didáticas que se destacam para esses momentos são: promover a autorreflexão e a sociorreflexão dos alunos e acompanhar e controlar os resultados da construção de conhecimentos por eles (Cavalcanti 1998).

---

desenho) e cartográficas (plantas, mapas e maquetes). Destaca-se o capítulo dedicado ao estudo do meio, que apresenta interessantes orientações didáticas.

Os procedimentos gerais a serem sugeridos são os seguintes: autódromo, exposição (com base nas dúvidas dos alunos), questionário individual, redação individual, GVGO, grupos com roteiro de estudo, discussão circular, júri simulado. Neste capítulo, quero destacar as atividades de simulação e o trabalho com mapas, cartas, gráficos e tabelas.

Atividades de simulação – Por meio da imitação ou da simulação, podem-se reproduzir fatos ou processos reais ou hipotéticos em situações simplificadas, com o objetivo de estudar, de compreender melhor um tema, de aplicar conhecimentos já construídos e reconstruídos sobre determinado assunto. Um dos traços importantes das chamadas técnicas de simulação é a sua capacidade de potencializar a aprendizagem baseada no saber, no saber fazer e no vivenciar. A par disso, a simulação se caracteriza por ser uma atividade humana de natureza lúdica, atividade que desempenha um papel importante no desenvolvimento dos processos de aprendizagem do indivíduo, seja ele adulto ou criança. Tem, por isso mesmo, um alto poder motivador.

Sua utilização é bastante interessante, tanto como elemento de reforço de aprendizagem, em momentos em que se faça necessária uma atividade de apoio para a aquisição de conceitos, quanto para o desenvolvimento de determinadas habilidades e destrezas, servindo como meio de realizar o trabalho de síntese de uma unidade temática, por sua capacidade de favorecer uma aprendizagem globalizada do tema. Segundo Gaite (Jiménez e Gaite 1996), um aspecto destacado pelos estudiosos de jogos de simulação como procedimento didático é o de que, quando se aprende por meio do jogo, são menos necessárias as tarefas de reforço, exatamente porque a vivência de uma dada situação que demanda algum tipo de conhecimento obriga os participantes a buscarem-no, e só conseguem resolver eficientemente aquela situação quando esse conhecimento já estiver incorporado (internalizado) em seu quadro de referência para ser utilizado. É um momento de consolidação de conhecimento que, como outros, termina por ampliar o próprio conhecimento, pois a necessidade de aplicação leva a essa ampliação.

As atividades de simulação são importantes no ensino de geografia, justamente por permitirem aprendizagem ativa, desenvolverem a criatividade, a espontaneidade, a tomada de decisões sobre questões espaciais, o que permite, por sua vez, o encontro da geografia do cotidiano com a da escola.

Dentre as atividades de simulação, podem ser destacados os jogos e a dramatização, pela sua frequência e eficácia no ensino de geografia.

Os jogos de simulação, segundo Gaite (Jiménez e Gaite 1996, p. 83), são aqueles tipos de atividades que "reproduzem de forma simplificada um sistema, modelo ou processo – real ou realizável – no qual os participantes deverão tomar uma série de decisões como o fim de dar solução a determinados problemas que lhes são colocados". As características principais desse tipo de simulação são a suposição de competitividade entre os participantes, o estabelecimento de regras e o caráter interativo.

Analisando os jogos de simulação, Gaite discrimina algumas possibilidades de jogos para o ensino de geografia, utilizando principalmente a forma de jogo de tabuleiro. Pode ser jogo sobre o meio, jogo de busca, de localização, de desenvolvimento econômico de países, de construção de cidades, de itinerários e viagens, de ecologia e meio ambiente. É evidente que, com as tecnologias eletrônicas, as modalidades desses jogos se ampliaram enormemente, fazendo com que também suas possibilidades didáticas se alarguem.

A dramatização, a montagem de peças teatrais, escritas por professores e/ou alunos ou em outro contexto, é bastante adequada no ensino, pela sua possibilidade de desencadear processos mentais importantes para o desenvolvimento dos alunos, por criar condições de expressão criativa e por propiciar o trabalho coletivo. Nela, os alunos reproduzem fatos e acontecimentos, atuando como se deles fizessem parte, ou seja, os alunos os reproduzem da forma como acreditam que fariam as pessoas diretamente implicadas. É um procedimento que aciona a espontaneidade e a criatividade. Ele é importante nos momentos iniciais do trabalho com um determinado conteúdo, quando o objetivo é, por exemplo, trazer as representações prévias dos alunos. Também nos momentos finais de uma unidade de ensino, ele é especialmente adequado, já que se presta bem ao objetivo de consolidar conteúdos e de tomar posições com base em conhecimentos construídos anteriormente.

A dramatização tem várias modalidades e se desenvolve em diferentes contextos, indo de uma pequena apresentação de grupos de alunos de algumas "cenas" referentes ao conteúdo estudado à apresentação de peças teatrais que ultrapassa a sala de aula, podendo ser estendida à escola toda. Em qualquer caso, essa atividade deve ser desenvolvida com bastante cuidado e objetividade, procurando distinguir as três fases de sua realização: preparação, realização e avaliação.

Nas diferentes fases, além de ter em mente algumas preocupações pertencentes ao trabalho de qualquer "diretor" de teatro, o professor precisa ter clareza sobre os objetivos que norteiam aquela atividade de ensino. Seu objetivo primeiro é didático – acionar a atividade intelectual e afetiva dos alunos, para que estes coloquem em questão seus próprios conhecimentos, para que, ao participar da experiência, vejam-se motivados a refletir sobre os fatos e os acontecimentos representados e sintam-se compelidos a tomar posição sobre temas polêmicos.

Particularmente para a geografia, a dramatização possibilita "trazer" para o mundo próximo do aluno alguns fatos, fenômenos e acontecimentos que ocorrem em mundos distantes, no sentido de sua vivência. Algumas cenas cotidianas do mundo atual podem ser desencadeadoras da realização de um texto teatral que articule as representações sociais e as convicções dos alunos com os conhecimentos científicos da geografia. Citem-se como exemplo os conflitos territoriais em diferentes lugares do globo, os flagelos da fome na África, na Ásia e no nordeste brasileiro; a luta pela terra no mundo rural e no mundo urbano; os atos de violência nas grandes cidades do mundo e do Brasil; os desastres ecológicos e as catástrofes naturais no mundo todo. São cenas cotidianas polêmicas, de forte conteúdo geográfico, que, por força da mídia, acabam ocupando nosso dia a dia, por assim dizer, e são adequadas a um tratamento teatral. Para ilustrar, Simões (1995) apresenta textos teatrais construídos por ele, fruto de sua experiência com o ensino de geografia: "Da roça à periferia" (cujo tema se refere ao êxodo rural e à formação das periferias nos grandes centros urbanos); "Eu quero uma casa (e terra) no campo" (com tema voltado para a agricultura no Brasil); "As duas faces da moeda" (trata-se das diferenças entre países centrais e periféricos) e "Quem somos nós" (sobre a população brasileira).

Trabalho com mapas, cartas, gráficos, tabelas – O trabalho com as diferentes formas de representação gráfica comuns na linguagem geográfica deve ser tomado como um procedimento de grande relevância nos estudos da geografia em seus vários momentos (esse tema também está apresentado no Capítulo 7). Ele se orienta para uma das metas gerais da geografia no ensino, que é a habilidade de orientação, de localização e de representação dos alunos e de aspectos da realidade socioespacial por eles estudada.

Trabalhar com mapas nas aulas de geografia parece já um procedimento incorporado ao senso comum, fazendo parte da expectativa que os alunos têm em relação ao estudo dessa matéria, a julgar por dados de pesquisa (Cavalcanti 1998), que sugerem que a imagem mais significativa de geografia é o mapa-múndi.

Essa referência marcante do mapa não significa defender seu uso na escola exclusivamente para ser pintado ou, de outro lado, para que se aprenda a técnica de sua construção. Porém, se se quer que o aluno tenha um real interesse pela geografia, pode-se potencializar esse interesse pelo mapa, utilizando-o para pintar, para localizar lugares e construir representações. O estudo de geografia não se reduz ao trabalho com mapas, mas é necessário chamar a atenção para a conveniência de estudar geografia através, também, de mapas. O mapa e outras formas de representação da realidade, como maquetes, desenhos, gráficos, são bons recursos metodológicos para esse aguçamento da imaginação, para o desenvolvimento da função simbólica, pois eles permitem aos alunos localizar fatos, acontecimentos e fenômenos da realidade natural e social e, além disso, permitem também entender o significado dessas localizações. Os mapas, gráficos e outros são, na verdade, importantes instrumentos de análise da realidade espacial.

É necessário destacar, então, a importância do uso do mapa e de outras representações gráficas (cartas, gráficos, tabelas) no cotidiano das aulas de geografia, para auxiliar as análises e também desenvolver habilidades de observação, manuseio, reprodução, interpretação, correção e construção dessas formas. A importância do desenvolvimento da habilidade cartográfica tem sido reconhecida por várias geógrafas (Simielli 1999, 2007; Paganelli 1987; Almeida 2007; Almeida e Passini 1989; Lesann 2009; Castellar e Vilhena 2010). Essas especialistas têm elaborado propostas metodológicas importantes para a educação cartográfica, para o desenvolvimento da habilidade de leitura e elaboração de mapas, com base nas possibilidades desse desenvolvimento pelo aluno.

Embora esteja aqui indicando a necessidade do trabalho didático com diferentes formas de representação gráfica, julgo ser possível destacar entre essas formas o mapa como expressão muito característica do discurso geográfico. A linguagem do mapa é uma linguagem peculiar da geografia e precisa ser aprendida pelos alunos. Em razão disso, pode-se falar em alfabetização cartográfica:

> A educação para leitura de mapas deve ser entendida como o processo de aquisição, pelos alunos, de um conjunto de conhecimentos e habilidades, para que consigam efetuar a leitura do espaço, representá-lo e desta forma construir os conceitos das relações espaciais. (Passini 1994, p. 9)

Um bom encaminhamento para essa "alfabetização" cartográfica pode ser o trabalho com a construção de mapas mentais pelos alunos, como imagens espaciais construídas com base em suas percepções do espaço vivido. Esse trabalho é um procedimento importante para conhecer as representações sociais dos alunos (no início do estudo de um tema, por exemplo) e também para introduzir e formar noções de elementos de cartografia e do mapa – que tem uma simbologia e uma sistematização mais complexas, com legendas, convenções cartográficas, escalas, pontos cardeais.

Segundo Passini (1994), o mapa é um importante recurso para os momentos iniciais do estudo, para as investigações em campo, para constatar informações objetivas em nível teórico e para a divulgação de resultados. O destaque, neste capítulo, é para a potencialidade do trabalho com o mapa e com outras formas de representação gráfica para os momentos de reforço de conteúdo, de aplicação, de síntese. Nesses momentos, é preciso organizar e orientar, por exemplo, atividades de construção de mapas pelos alunos, sínteses de estudos anteriores e de leitura ou descrição de mapas feitos por outros alunos (ou até dos livros didáticos), com o objetivo de utilizar a representação cartográfica como meio de expressar conhecimentos, de elaborar síntese. Em outras palavras, o objetivo é explorar, no aluno, as habilidades de leitor de mapas e de mapeador da realidade (Simielli 1999).

Considerações finais

O propósito deste capítulo foi apresentar e discutir alguns procedimentos de ensino na geografia e sua inserção numa proposta na linha histórico-cultural. Nesse sentido, alertei inicialmente que não se tratava de apresentar "receitas" novas e de dar instruções sobre sua aplicação na sala de aula; os procedimentos aqui apresentados são, na verdade, bastante conhecidos e já experimentados pelos professores. Também procurei no desenvolvimento das ideias ressaltar a necessidade de tomar o conjunto dos procedimentos abordados, e cada um em particular, como dinâmicos, como flexíveis, como orientações gerais. A indicação de quando e como utilizá-los não deve, certamente, ser seguida à risca, cabendo ao professor e à escola a definição sobre sua utilização.

A razão de agrupar esses procedimentos e de indicá-los para o ensino de geografia se deve a suas características comuns: eles buscam um envolvimento real de alunos e professores com os objetos de estudo; propiciam uma maior motivação para as atividades escolares; levam ao trabalho cooperativo e democrático; possibilitam um melhor aproveitamento do espaço escolar, que ultrapassa a sala de aula; requerem um trabalho interdisciplinar; e permitem o exercício da criatividade e a consolidação da escola como espaço vivo, como um lugar de culturas, onde a mescla de saberes e sua construção e reconstrução são a sua razão de ser.

REFERÊNCIAS BIBLIOGRÁFICAS

ALMEIDA, M.I.M. de e TRACY, K.M. de A. (2003) *Noites nômades: Espaço e subjetividades nas culturas jovens contemporâneas.* Rio de Janeiro: Rocco.

ALMEIDA, R.D. de (org.) (2007). *Cartografia escolar.* São Paulo: Contexto.

ALMEIDA, R.D. de e PASSINI, E. (1989). *O espaço geográfico, ensino e representação.* São Paulo: Contexto.

ALVES, G.A. (1999). "Cidade, cotidiano e TV". *In*: CARLOS, A.F.A. (org.). *A geografia na sala de aula.* São Paulo: Contexto.

ANTUNES, C. (1996) *Manual de técnicas de dinâmica de grupo, de sensibilização, de ludopedagogia.* Petrópolis: Vozes.

_____ (2000). *Jogos para estimulação das múltiplas inteligências.* Petrópolis: Vozes.

AZAMBUJA, L.D. (2011). "Metodologias cooperativas para ensinar e aprender geografia". *In*: CALLAI, H.C. (org.). *Educação geográfica: Reflexão e prática.* Ijuí: Unijuí.

BAQUERO, R. (1998). *Vygotsky e a aprendizagem escolar.* Trad. Ernani F. da Fonseca Rosa. Porto Alegre: Artes Médicas.

BAUMAN, Z. (2005). *Identidade: Entrevista a Benedetto Vecchi.* Trad. Carlos Alberto Medeiros. Rio de Janeiro: Jorge Zahar.

BORGES, C. (2001). "Saberes docentes: Diferentes tipologias e classificações de um campo de pesquisa". *Educação e Sociedade: Revista Quadrimestral de Ciência da Educação – Dossiê "Os saberes dos docentes e sua formação".* Campinas: Cedes, pp. 59-76.

BRABANT, J.M. (1989). "Crise da geografia, crise da escola". *In*: OLIVEIRA, A.U. *Para onde vai o ensino de geografia?.* São Paulo: Contexto.

BRAGA, R. (2000). "Formação inicial de professores: Uma trajetória com permanência eivada por dissensos e impasses". *Terra Livre*, São Paulo, vol. 15.

BRASIL. Ministério da Educação (1998). *Parâmetros Curriculares Nacionais: Geografia*. Secretaria de Educação Fundamental. Brasília: MEC/SEF.

_____ (2001). Parecer CNE/CES 492. Diretrizes Curriculares Nacionais dos cursos de Filosofia, História, Geografia, Serviço Social, Comunicação Social, Ciências Sociais, Letras, Biblioteconomia, Arquivologia e Museologia. Brasília: MEC.

_____ (2002). Parecer CNE/CES 109. Consulta sobre aplicação da resolução de carga horária para os cursos de formação de professores. Brasília: MEC.

_____ (2010). Programa Nacional de Livros Didáticos – PNLD: Guia de livros didáticos – Geografia. Secretaria de Educação Básica. Brasília: MEC.

CALLAI, H.C. (1998). "O ensino de geografia: Recortes espaciais para análise". *In*: CASTROGIOVANNI, A.C. *et al*. *Geografia em sala de aula, práticas e reflexões*. Porto Alegre: Associação dos Geógrafos Brasileiros.

_____ (1999). *A formação do profissional da geografia*. Ijuí: Unijuí.

_____ (2006). "Estudar o lugar para compreender o mundo". *In*: CASTROGIOVANNI, A.C.; CALLAI, H.C.; KAERCHER, N.A. (orgs.). *Ensino de geografia: Práticas e textualizações no cotidiano*. Porto Alegre: Mediação.

CALLAI, H.C. e CALLAI, J.L. (1998). "Grupo, espaço e tempo nas séries iniciais". *In*: CASTROGIOVANNI, A.C. *et al*. *Geografia em sala de aula, práticas e reflexões*. Porto Alegre: Associação dos Geógrafos Brasileiros.

CANCLINI, N.G. (2007). *Diferentes, desiguais e desconectados: Mapas de interculturalidade*. Trad. Luiz Sérgio Henriques. 2ª ed. Rio de Janeiro: UFRJ.

_____ (2009). "Consumo, acesso e sociabilidade". *Comunicação, Mídia e Consumo*, São Paulo, vol. 6, n. 16. [Disponível em: http://revistacmc.espm.br/index.php/revistacmc/article/view/208/170, acesso em 12/10/2011.]

CANDAU, V. (1998). "Interculturalidade e educação escolar". *Anais do Encontro Nacional de Didática e Prática de Ensino*, Águas de Lindoia.

CANTERO, N.O. (1988). *Geografia y cultura*. Madri: Alianza.

CARDOSO, D.S. e NETO, N.T. (2011). "Juventude, cidade e território: Esboços de uma geografia das juventudes". *Anais do I Seminário de Juventudes e Cidades*. [Disponível em: http://www.ufjf.br/juventudesecidade/files/2011/09/JUVENTUDE-CIDADE-E-TERRIT%C3%93RIO-ESBO%C3%87OS-DE-UMA-GEOGRAFIA-DAS-JUVENTUDES.pdf, acesso em 15/9/2011.]

CARLOS, A.F.A. (org.). (1999). *A geografia na sala de aula*. São Paulo: Contexto.

_____ (2005). "O direito à cidade e a construção da metageografia. Cidades, Presidente Prudente, SP". *Revista Científica/Grupo de Estudos Urbanos*, vol. 2, n. 4.

CARLOS, A.F.A. e OLIVEIRA, A.U. (orgs.) (1999). *Reformas no mundo da educação, parâmetros curriculares e geografia*. São Paulo: Contexto.

CASTELLAR, S.M.V. (2009). "Lugar de vivência: A cidade e a aprendizagem". *In*: PEREIRA GARRIDO, M. (org.). *La espesura del lugar: Reflexiones sobre el espacio en el mundo educativo*. Santiago do Chile: Universidad Academia de Humanismo Cristiano.

CASTELLAR, S.M.V. e VILHENA, J. (2010). *Ensino de geografia*. São Paulo: Cengage Learning.

CASTROGIOVANNI, A.C. *et al.* (1998). *Geografia em sala de aula, práticas e reflexões*. Porto Alegre: Associação dos Geógrafos Brasileiros.

CATANI, A.M e GILIOLI, R. de S.P. (2008). *Culturas juvenis, múltiplos olhares*. São Paulo: Editora da Unesp.

CAVALCANTI, L.S. (1995). "A problemática do ensino de geografia veiculada nos Encontros Nacionais da AGB (1976-1986)". *Boletim Goiano de Geografia*, vol. 15, n. 1, jan.-dez., pp. 35-55.

_____ (1998). *Geografia, escola e construção de conhecimento*. Campinas: Papirus.

_____ (2002). *Geografia e práticas de ensino*. Goiânia: Alternativa.

_____ (2005). "Cotidiano, mediação pedagógica e formação de conceitos: Uma contribuição de Vygotsky ao ensino de geografia". *Cadernos Cedes*, Campinas, vol. 25, n. 66.

_____ (2006). "Ensino de geografia e diversidade: Construção de conhecimentos geográficos escolares e atribuição de significados pelos diversos sujeitos do processo de ensino". *In*: CASTELLAR, S.M.V. (org.). *Educação geográfica: Teorias e práticas docentes*. São Paulo: Contexto.

_____ (2008). *A geografia escolar e a cidade: Ensaios sobre o ensino de geografia para a vida urbana cotidiana*. Campinas: Papirus.

_____ (2009a). "Geografía, enseñanza de la ciudad y formación ciudadana". *Investigación en la escuela*, Sevilha, vol. 68.

_____ (2009b). Aprender a cidade: Uma análise das contribuições recentes da geografia urbana brasileira para a formação de jovens escolares. Projeto de pesquisa.

_____ (2010a). "Concepções teórico-metodológicas da geografia escolar no mundo contemporâneo e abordagens no ensino". *In*: DALBEN, A. *et al.* (orgs.). *Convergências e tensões no campo da formação e do trabalho docente*. Belo Horizonte: Autêntica.

_____ (2010b). "A geografia e a realidade escolar contemporânea: Avanços, caminhos, alternativas". *I Seminário Nacional: Currículo em Movimento, Perspectivas Atuais*, Belo Horizonte.

_____ (2011a). "Jovens escolares e suas práticas espaciais cotidianas: O que tem isso a ver com as tarefas de ensinar geografia?". *In*: CALLAI, H.C. (org.). *Educação geográfica: Reflexão e prática*. Ijuí: Unijuí.

_____ (2011b). "Ensinar geografia para a autonomia do pensamento". *Revista da Anpege*, vol. 7, pp. 179-190.

CHEVALLARD, Y. (1991). *La transposición didáctica: Del saber sabio al saber enseñado*. Buenos Aires: Aique.

COLL SALVADOR, C. (1997). *Os conteúdos da reforma*. Porto Alegre: Artes Médicas.

COLTRINARI, L.A. (1999). "A geografia física e as mudanças ambientais". *In*: CARLOS, A.F.A. (org.). *Novos caminhos da geografia*. São Paulo: Contexto.

CONTRERAS, J. (1997). *La autonomia del profesorado*. Madri: Morata.

COUTO, M.A.C. (2006). "Pensar por conceitos geográficos". *In*: CASTELLAR, S.M.V. (org.). *Educação geográfica: Teorias e práticas docentes*. São Paulo: Contexto.

CUNHA, M.I. (1996). "Relação ensino e pesquisa". *In*: VEIGA, I.P.A. (org.). *Didática: O ensino e suas relações*. Campinas: Papirus.

_____ (2001). "Aprendizagens significativas na formação inicial de professores: Um estudo no espaço dos cursos de licenciatura". *Revista Interface*, Botucatu. [Disponível em: http://dx.doi.org/10.1590/S1414-32832001000200007, acesso em 2/8/2011.]

_____ (2006). "Docência na universidade, cultura e avaliação institucional: Saberes silenciados em questão". *Revista Brasileira de Educação*, Rio de Janeiro. [Disponível em: http://dx.doi.org/10.1590/S1413-24782006000200005, acesso em 2/8/2011.]

DAMIANI, A.L. (1999). "A geografia e a construção da cidadania". *In*: CARLOS, A.F.A. (org.). *Novos caminhos da geografia*. São Paulo: Contexto.

DAVYDOV, V.V. (1995). "Il problema della generalizzazione e del concetto nella teoria di Vygotskij". *In*: VV.AA. *Studi di psicologia dell'educazione*. Roma: Armando.

DEMO, P. (1990) *Pesquisa, princípio científico e educativo*. São Paulo: Cortez.

EMERSON, C. (2002). "O mundo exterior e o discurso interior, Bakhtin, Vygotsky e a internalização da língua". *In*: DANIELS, H. (org.). *Uma introdução a Vygotsky*. Trad. Marcos Bagno. São Paulo: Loyola.

ENGESTRÖN, Y. (2002). "*Non scholare sed vitae discimus*: Como superar a encapsulação da aprendizagem escolar". *In*: DANIELS, H. (org.). *Uma introdução a Vygotsky*. Trad. Marcos Bagno. São Paulo: Loyola.

FARIAS, I.M.S. *et al*. (2009). *Didática e docência: Aprendendo a profissão*. Brasília: Liber Livro.

FELTRAN, R.C.S. e FELTRAN FILHO, A. (1991). "Estudo do meio". *In*: VEIGA, I.P.A. (org.). *Técnicas de ensino: Por que não?*. Campinas: Papirus.

FORQUIN, J.C. (1993). *Escola e cultura*. Trad. Guacira Lopes Louro. Porto Alegre: Artes Médicas.

GARCÍA VALDÉS, J.L. (2009). "El lugar en la superación de la adversidad: Espacio de vida y resiliencia comunitaria". *In*: PEREIRA GARRIDO, M. (org.). *La espesura del lugar: Reflexiones sobre el espacio en el mundo educativo*. Santiago do Chile: Universidad Academia de Humanismo Cristiano.

GAUTHIER, C. (1998). *Por uma teoria da pedagogia*. Trad. Francisco Pereira. Ijuí: Unijuí.

GIMENO SACRISTÁN, J. (1996). "Escolarização e cultura: A dupla determinação". *In*: SILVA, L.H. *et al*. *Novos mapas culturais, novas perspectivas educacionais*. Porto Alegre: Sulina.

_____ (1998). *Poderes inestables en educación*. Madri: Morata.

GÓES, M.C. (1991). "A natureza social do desenvolvimento psicológico". *In*: PINO, A. e GÓES, M.C. (orgs.). *Pensamento e linguagem: Estudos na perspectiva da psicologia soviética*, n. 24. Campinas: Papirus/Cedes.

_____ (2001). "A construção de conhecimentos e o conceito de zona de desenvolvimento proximal". *In*: MORTIMER, E.F. e SMOLKA, A.L.B. (orgs.). *Linguagem, cultura e cognição: Reflexões para o ensino e a sala de aula*. Belo Horizonte: Autêntica.

GOMES, P.C. da C. (1997). "Geografia *fin-de-siècle*: O discurso sobre a ordem espacial do mundo e o fim das ilusões". CASTRO, I.E.; GOMES, P.C. da C. e CORREA, R.L. (orgs.). *Explorações geográficas: Percursos no fim do século*. Rio de Janeiro: Bertrand Brasil.

_____ (2009). "Um lugar para a geografia: Contra o simples, o banal e o doutrinário. *In*: MENDONÇA, F.A.; LOWEN-SAHR, L. e SILVA, M. da (orgs.). *Espaço e tempo: Complexidade e desafios do pensar e do fazer geográfico.* Curitiba: Associação de Defesa do Meio Ambiente e Desenvolvimento de Antonina (Ademadan).

GUIMARÃES, V.S. (2004). *Formação de professores: Saberes, identidade e profissão.* Campinas: Papirus.

HAESBAERT, R. (2005). *O mito da desterritorialização.* Rio de Janeiro: Bertrand Brasil.

_____ (2007). "Território e multiterritorialidade: Um debate". *GEOgrafia*, UFRJ, n. 17.

_____ (2009). "Dilema de conceitos: Espaço-território e contenção territorial". *In*: SAQUET, M.A. e SPÓSITO, E.S. (orgs.). *Territórios e territorialidades: Teorias, processos e conflitos.* São Paulo: Expressão Popular.

HALL, S. (1997). *A identidade cultural na pós-modernidade.* Trad. Tomaz Tadeu da Silva e Guacira Lopes Louro. Rio de Janeiro: DP&A.

_____ (2009). *Identidade e diferença: A perspectiva dos estudos culturais.* Trad. Tadeu da Silva. 9ª ed. Petrópolis: Vozes.

HARVEY, D. (2004). *Espaços de esperança.* Trad. Adail Ubirajara Sobral e Maria Stela Gonçalves. São Paulo: Loyola.

HEDEGAARD, M. (2002). "A zona de desenvolvimento proximal como base para o ensino". *In*: DANIELS, H. (org.). *Uma introdução a Vygotsky.* Trad. Marcos Bagno. São Paulo: Loyola.

HERNÁNDEZ, F. e VENTURA, M. (1998). *A organização do currículo por projetos de trabalho.* Trad. Jussara Haubert Rodrigues. Porto Alegre: Artes Médicas.

IMBERNÓN, F. (2000). *Formação docente e profissional, formar-se para a mudança e a incerteza.* São Paulo: Cortez. Coleção "Questões da Nossa Época", vol. 77.

JIMÉNEZ, A.M. (1996). "Enseñar investigando: El modelo de proyectos de investigación". *In*: JIMÉNEZ, A.M. e GAITE, M.J.M. (orgs.). *Enseñar geografia, de la teoría a la práctica.* Madri: Síntesis.

KAERCHER, N.A. (1997). *Desafios e utopias no ensino de geografia.* Santa Cruz do Sul: Edunisc.

_____ (1998). "A geografia é o nosso dia a dia". *In*: CASTROGIOVANNI, A.C. et al. *Geografia em sala de aula, práticas e reflexões.* Porto Alegre: Associação dos Geógrafos Brasileiros.

_____ (2000). "A inserção profissional da geografia na sociedade". *Anais do XII Encontro Nacional de Geógrafos*, Florianópolis.

KENSKI, V.M. (1996). "O ensino e os recursos didáticos em uma sociedade cheia de tecnologias". *In*: VEIGA, I.P.A. (org.). *Didática: O ensino e suas relações.* Campinas: Papirus.

KOFF, A.M.N.S. (2009). "Trabalhando com projetos de investigação: Quando a autonomia do aluno ganhar destaque". *In*: CANDAU, V. *Didática: Questões contemporâneas.* Rio de Janeiro: Forma & Ação.

LACOSTE, Y.A. (1988). *Geografia, isso serve, em primeiro lugar, para fazer a guerra.* Trad. Maria Cecília França. Campinas: Papirus.

LEITE, Y.U.F. et al. (2008). *Formação de professores: Caminhos e descaminhos da prática.* Brasília: Liber Livro.

LEITE, M.S. (2009). "Entre a bola e o MP3: Novas tecnologias e diálogo intercultural no cotidiano escolar adolescente". *In*: CANDAU, V. *Didática: Questões contemporâneas*. Rio de Janeiro: Forma & Ação.

LESANN, J. (2009). *Geografia no ensino fundamental I*. Belo Horizonte: Argumentum.

LIBÂNEO, J.C. (1994). *Didática*. São Paulo: Cortez.

_____ (1998). *Adeus professor, adeus professora?*. São Paulo: Cortez.

_____ (2000). "Formação de professores e nova qualidade educacional: Apontamentos para um balanço crítico". *Educativa (UCG)*, Goiânia, vol. 3, pp. 43-70.

_____ (2001). "A prática pedagógica da educação física nos tempos e espaços sociais". Texto para uso didático.

_____ (2002). "Reflexividade e formação de professores: Outra oscilação do pensamento pedagógico brasileiro?". *In*: PIMENTA, S.G. (org). *Professor reflexivo no Brasil: Gênese e crítica de um conceito*. São Paulo: Cortez.

_____ (2004a). *Organização e gestão da escola, teoria e prática*. Goiânia: Alternativa.

_____ (2004b). "A aprendizagem escolar e a formação de professores na perspectiva da psicologia histórico-cultural e da teoria da atividade". *Educar em Revista*, Curitiba, n. 24, pp. 113-147.

_____ (2008). "Didática e epistemologia: Para além do embate entre a didática e as didáticas específicas". VEIGA, I.P.A. e D'ÁVILA, C. (orgs.). *Profissão docente: Novos sentidos, novas perspectivas*. Campinas: Papirus.

_____ (2009). "Docência universitária: Formação do pensamento teórico-científico e atuação nos motivos dos alunos". *In*: D'ÁVILA, C. (org.). *Ser professor na contemporaneidade: Desafios, ludicidade e protagonismo*. Curitiba: CRV.

_____ (2010). "Reflexividade e formação de professores: Outra oscilação do pensamento pedagógico brasileiro?". *In*: PIMENTA, S.G. e GHEDIN, E. (orgs.). *Professor reflexivo no Brasil: Gênese e crítica de um conceito*. 6ª ed. São Paulo: Cortez, pp. 53-79.

_____ (2011a). "A formação de professores no curso de pedagogia e o lugar destinado aos conteúdos do ensino fundamental: Que falta faz o conhecimento do conteúdo a ser ensinado às crianças". *In*: SILVA, M.A. e BRZEZINSKI, I. *Formar professores-pesquisadores: Construir identidades*. Goiânia: PUC, pp. 51-77.

_____ (2011b). "Escola pública brasileira, um sonho frustrado: Falharam as escolas ou as políticas educacionais?". LIBÂNEO, J.C. e SUANNO, M.V.R. (orgs). *Didática e escola em uma sociedade complexa*. Goiânia: Ceped.

_____ (2011c). "Didática e trabalho docente: A mediação do professor nas aulas". *In*: LIBÂNEO, J.C. et al. *Concepções e práticas de ensino num mundo em mudança: Diferentes olhares para a didática*. Goiânia: Ceped/PUC-Goiás.

LINDÓN, A. (2009) "La educación geográfica y la ampliación de las *terrea cognitae* personales". *In*: PEREIRA GARRIDO, M. (org.). *La espesura del lugar: Reflexiones sobre el espacio en el mundo educativo*. Santiago do Chile: Universidad Academia de Humanismo Cristiano.

LOPES, A.C. (1997). "Conhecimento escolar: Inter-relações com conhecimentos científicos e cotidianos". *Contexto & Educação*, Unijuí, n. 45.

_____ (2007). *Currículo e epistemologia*. Ijuí: Unijuí.

LUCKESI, C. (1984). "Avaliação educacional: Para além do autoritarismo". *Tecnologia Educacional*, Rio de Janeiro, n. 62, nov.-dez.

LÜDKE, M. e MEDIANO, Z. (orgs) (1992). *Avaliação na escola de 1º grau: Uma análise sociológica*. Campinas: Papirus.

LÜDKE, M. *et.al*. (1999). "Repercussões de tendências internacionais sobre a formação de professores". *Educação e Sociedade*, Cedes, Campinas, vol. 68, dez.

MACHADO, N.J. (2009). "Imagens do conhecimento e ação docente no ensino superior". *In*: PIMENTA, S.G. e ALMEIDA, M.I. (orgs.). *Pedagogia universitária*. São Paulo: Edusp.

MARCELO GARCÍA, C. (2002a). Aprender a enseñar para la sociedad del conocimiento. [Disponível em: http://epaa.asu.edu/epaa/v10n35, acesso em 30/3/2006.]

_____ (2002b). La formación inicial y permanente de los educadores. [Disponível em: http:/prometeo.us.es, acesso em 30/3/2006.]

MASSEY, D. (2008). *Pelo espaço: Uma nova política da espacialidade*. Trad. Hilda Pareto Maciel e Rogério Haesbaert. Rio de Janeiro: Bertrand Brasil.

MIRANDA, S.L. (2005). "O lugar do desenho e o desenho do lugar no ensino de geografia: Contribuição para uma geografia escolar crítica". Tese de doutorado, Universidade Estadual Paulista, Instituto de Geociência e Ciências Exatas, Rio Claro.

MONTEIRO, A.M. (2000). "A prática de ensino e a produção de saberes na escola". *In*: CANDAU, V.A. (org.). *Didática, currículo e saberes escolares*. Rio de Janeiro: DP&A.

MONTEIRO, S.B. (2010). "Epistemologia da prática: O professor reflexivo e a pesquisa colaborativa". *In*: PIMENTA, S.G. e GHEDIN, E. (orgs.). *Professor reflexivo no Brasil: Gênese e crítica de um conceito*. 6ª ed. São Paulo: Cortez.

MORAIS, E.M.B. de (2011). "O ensino das temáticas físico-naturais na geografia escolar". Tese de doutorado, Programa de Pós-graduação em Geografia Humana, Universidade de São Paulo, São Paulo.

MOREIRA, R. (2000). "As novas noções do trabalho". *Anais do XII Encontro Nacional de Geógrafos*, Florianópolis.

_____ (2009). *O pensamento geográfico brasileiro: As matrizes da renovação*. São Paulo: Contexto.

NETO, N.T. (2011). "Movimento *hip-hop* do mundo ao lugar: Difusão e territorialização". *Anais do I Seminário de Juventudes e Cidades*, Universidade Federal de Juiz de Fora, Juiz de Fora. [Disponível em: http://www.ufjf.br/juventudesecidade/files/2011/09/MOVIMENTO-HIP-HOP-DO-MUNDO-AO-LUGAR-DIFUS%C3%83O-E-TERRITORIALIZA%C3%87%C3%83O.pdf, acesso em 15/9/2011.]

NÓVOA, A. (1992). *Os professores e sua formação*. Lisboa: Dom Quixote.

_____ (1995). "Os professores e as histórias da sua vida". *In*: NÓVOA, A. (org.). *Vidas de professores*. Porto: Porto.

_____ (1999). "Os professores na virada do milênio: Do excesso dos discursos à pobreza das práticas". *Rev. Educação e Pesquisa*, São Paulo, vol. 25, n. 1, jan.-jun., pp. 11-20.

_____ (2007). "Desafios do trabalho do professor no mundo contemporâneo". Publicação do Sindicato dos Professores de São Paulo. [Disponível em: http://www.sinprosp.org.br/noticias.asp?id_noticia=639, acesso em 20/8/2011.]

OGALLAR, A.S. (1996). "El trabajo de campo y las excursiones". *In*: JIMÉNEZ, A.M. e GAITE, M.J.M. (orgs.). *Enseñar geografia, de la teoría a la práctica*. Madri: Síntesis.

OLIVA, J.T. (1999). "Ensino de geografia: Um retrato desnecessário". *In*: CARLOS, A.F.A. (org.). *A geografia na sala de aula*. São Paulo: Contexto.

OLIVEIRA, K.A.T. de (2008). "Saberes docentes sobre geografia urbana escolar". Dissertação de mestrado, Programa de Pós-graduação em Geografia, Universidade Federal de Goiás, Goiânia.

OLIVEIRA, M.K. de (1995). "Pensar a educação, contribuições de Vygotsky". *In*: CASTORINA, J.A. *et al*. *Piaget-Vygotsky: Novas contribuições para o debate*. São Paulo: Ática.

OLIVEIRA, R. de C.A. (2007). "Estéticas juvenis: Intervenções nos corpos e na metrópole". *Comunicação, Mídia e Consumo*, São Paulo, vol. 4, n. 9, mar., pp. 63-86.

ONRUBIA, J. (2001). "Ensinar: Criar zonas de desenvolvimento proximal". *In*: COLL, C. *et al*. *O construtivismo na sala de aula*. Trad. Cláudia Schilling. Rev. téc. Sônia Barreira. São Paulo: Ática.

PAGANELLI, T.Y. (1987). "Para a construção de espaço geográfico na criança". *Terra Livre*, São Paulo, vol. 2, jul.

PASSINI, E.Y. (1994). *Alfabetização cartográfica*. Belo Horizonte: Lê.

PEREIRA, D. (1999). "A dimensão pedagógica na formação do geógrafo". *Terra Livre*, vol. 14, jan.-jul.

PEREIRA, J.E.D. (2000). Formação de professores: Pesquisas, representações e poder. Belo Horizonte: Autêntica.

PEREIRA GARRIDO, M. (2009). "El lugar donde brota agua desde las piedras: Una posibilidad para comprender la construcción subjetiva de los espacios". *In*: PEREIRA GARRIDO, M. (org.). *La espesura del lugar: Reflexiones sobre el espacio en el mundo educativo*. Santiago do Chile: Universidad Academia de Humanismo Cristiano.

PIMENTA, S.G. (1997). "A didática como mediação na construção da identidade do professor: Uma experiência de ensino e pesquisa na licenciatura". *In*: ANDRÉ, M.E.D. e OLIVEIRA, M.R.N.S. (orgs.). *Alternativas ao ensino de didática*. Campinas: Papirus.

_____ (2002). "Professor reflexivo: Construindo uma crítica". *In*: PIMENTA, S.G. (org). *Professor reflexivo no Brasil: Gênese e crítica de um conceito*. São Paulo: Cortez.

_____ (2005). "Pesquisa-ação crítico-colaborativa: Construindo seu significado a partir de experiências com a formação docente". *Educação e Pesquisa*, São Paulo, Feusp, vol. 31, n. 3, set.-dez.

PINHEIRO, A.C. (2006). "Dilemas da formação do professor de geografia no ensino superior". *In*: CAVALCANTI, L.S. (org.). *Formação de professores: Concepções e práticas em geografia*. Goiânia: Vieira.

PINO, A. (2001). "O biológico e o cultural nos processos cognitivos". *In*: MORTIMER, E.F. e SMOLKA, A.L.B. (orgs.). *Linguagem, cultura e cognição: Reflexões para o ensino e a sala de aula*. Belo Horizonte: Autêntica.

PONTUSCHKA, N.N. *et al*. (2007). *Para ensinar e aprender geografia*. São Paulo: Cortez.

PORTO, Y. da S. (2000). "Formação continuada: A prática pedagógica recorrente". *In*: MARIN, A.J. (org.). Educação continuada. Campinas: Papirus.

PREFEITURA MUNICIPAL DE GOIÂNIA (1998). *Escola para o século XXI*. Goiânia: Hagaprint.

RAFFESTIN, C. (1993). *Por uma geografia do poder*. Trad. Maria Cecília França. São Paulo: Ática.

RIBEIRO, W.C. (1999). "A formação do geógrafo e o sistema Confea/Crea". *In*: CARLOS, A.F.A. e OLIVEIRA, A.U. (orgs.). *Reformas no mundo da educação, parâmetros curriculares e geografia*. São Paulo: Contexto.

ROCHA, G.O.R. (2000). "Uma breve história da formação do professor de geografia no Brasil". *Terra Livre*, São Paulo, vol. 15.

RODRIGUES, A.M. (1999). "Algumas reflexões: Graduação em geografia". *In*: CARLOS, A.F.A. e OLIVEIRA, A.U. (orgs.). *Reformas no mundo da educação, parâmetros curriculares e geografia*. São Paulo: Contexto.

ROMANOWSKI, J.P. e WACHOWICZ, L.A. (2006). "Avaliação formativa no ensino superior: Que resistências manifestam os professores e os alunos?". *In*: ANASTASIOU, L.G.C. e ALVES, L.P. *Processos de ensinagem na universidade: Pressupostos para as estratégias de trabalho em aula*. Joinville: Univille.

SANTOS, M. (1996). *A natureza do espaço, técnica e tempo, razão e emoção*. São Paulo: Hucitec.

_____ (1999) "A técnica em nossos dias, a instrução e a educação". *Associação Brasileira de Mantenedores de Ensino Superior*, Caderno 1.

SAQUET, M.A. (2009). "Por uma abordagem territorial". *In*: SAQUET, M.A. e SPOSITO, E.S. (orgs.). *Territórios e territorialidades: Teorias, processos e conflitos*. São Paulo: Expressão Popular.

SAVIANI, D. (2007). "O ensino de resultados". *Folha de S.Paulo*, Caderno "Mais", 29/4, p. 3.

SCHAFFER, N.O. (1998). "A cidade nas aulas de geografia". *In*: CASTROGIOVANNI, A.C. *et al*. *Geografia em sala de aula, práticas e reflexões*. Porto Alegre: Associação dos Geógrafos Brasileiros.

SECRETARIA DE ESTADO DA EDUCAÇÃO DE GOIÁS (2009). *Currículo em debate*. Goiás: Secretaria da Educação de Goiás.

SHULMAN, L.S. (2005). "Conocimiento y enseñanza: Fundamentos de la nueva reforma". *Profesorado, Revista de Currículum y Formación del Profesorado* 9(2). [Disponível em: http://www.ugr.es/local/recfpro/Rev92ART1.pdf, acesso em 30/6/2009.]

SILVA, R.S. e CASSAB, C. (2011) "Juventudes, bairro e cotidiano em Juiz de Fora". *Anais do I Seminário de Juventudes e Cidades*. [Disponível em: http://www.ufjf.br/nugea/files/2010/09/JUVENTUDES-BAIRRO-E-COTIDIANO-EM-JUIZ-DE-FORA.pdf, acesso em 15/9/2011.]

SIMIELLI, M.E. (1999). "Cartografia no ensino fundamental e médio". *In*: CARLOS, A.F.A *et al*. (orgs). *Novos caminhos da geografia*. São Paulo: Contexto.

_____ (2007). "O mapa como meio de comunicação e a alfabetização cartográfica". *In*: ALMEIDA. R.D. de (org.). *Cartografia escolar*. São Paulo: Contexto.

SIQUEIRA, J.C. (1997). "Meio Ambiente e cidadania". *Geoverj, Revista do Departamento de Geografia*, Uerj, Rio de Janeiro, jan.

SIMÕES, M.R. (1995). *Dramatização para o ensino de geografia*. Rio de Janeiro: Jobran Coautor.

SOMMA, M.L. (1998). "Alguns problemas metodológicos no ensino de geografia". *In*: CASTROGIOVANNI, A.C. *et al*. *Geografia em sala de aula, práticas e reflexões*. Porto Alegre: Associação dos Geógrafos Brasileiros.

SOUZA, M.J.L. (1995). "O território: Sobre espaço e poder, autonomia e desenvolvimento". *In*: CASTRO, I.E. *et al*. (orgs.). *Geografia: Conceitos e temas*. Rio de Janeiro: Bertrand Brasil.

SOUZA, R.C.C.R. de (2006). "A complexidade, a escola e o aprender-ensinar". *Anais do VII Epeco*, Cuiabá.

STRAFORINI, R. (2004). *Ensinar geografia: O desafio da totalidade-mundo nas séries iniciais*. São Paulo: Annablume.

_____ (2011). "O currículo de geografia das séries iniciais: Entre conhecer o que se diz e o vivenciar o que se pratica". *In*: TONINI, I.M. *et al.* (orgs.). *O ensino de geografia e suas composições curriculares*. Porto Alegre: UFRGS.

TARDIF, M. (2000). "Saberes profissionais dos professores e conhecimentos universitários: Elementos para uma epistemologia da prática profissional dos professores e suas conseqüências em relação à formação para o magistério". *Revista Brasileira de Educação*, São Paulo, n. 13, jan.-abr.

_____ (2001). "O trabalho docente, a pedagogia e o ensino: Interações humanas, tecnologias e dilemas". *Revista de Educação*, Faculdade de Educação, Universidade Federal de Pelotas, n. 16.

TARDIF, M. e LESSARD, C. (2008). *O ofício do professor*. Petrópolis: Vozes.

TUAN, Y. (1980). *Topofilia: Um estudo da percepção, atitudes e valores do meio ambiente*. Trad. Lívia de Oliveira. Difel: São Paulo.

_____ (1983). *Espaço e lugar: A perspectiva da experiência*. Trad. Lívia de Oliveira. Difel: São Paulo.

VEIGA, I.P.A. (1991). *Técnicas de ensino: Por que não?*. Campinas: Papirus.

_____ (2004). *Educação básica e educação superior: Projeto político-pedagógico*. Campinas: Papirus.

VESENTINI, J.W. (1998). "Educação e ensino de geografia: Instrumentos de dominação e/ou libertação". *In*: CASTROGIOVANNI, A.C. *et al*. *Geografia em sala de aula, práticas e reflexões*. Porto Alegre: Associação dos Geógrafos Brasileiros.

VYGOTSKY, L.S. (1984). *Formação social da mente*. Trad. José Cipolla Neto, Luís Silveira Menna Barreto e Solange Castro Afeche. São Paulo: Martins Fontes.

_____ (1993). *Pensamento e linguagem*. Trad. Jefferson Luiz Camargo. São Paulo: Martins Fontes.

_____ (2000). *A construção do pensamento e da linguagem*. Trad. Paulo Bezerra. São Paulo: Martins Fontes.

ZANATTA, B.A. e SOUZA, V.C. de (orgs.) (2008). *Formação de professores: Reflexões do atual cenário sobre o ensino de geografia*. Goiânia: Vieira.